编写人员名单

主　　编	庞连海　庞思达　孟雪舟
编写人员	庞连海　庞思达　孟雪舟
	李卫华　王照华　孙露霜
	何　颖　卢奕霖　杨凤龙

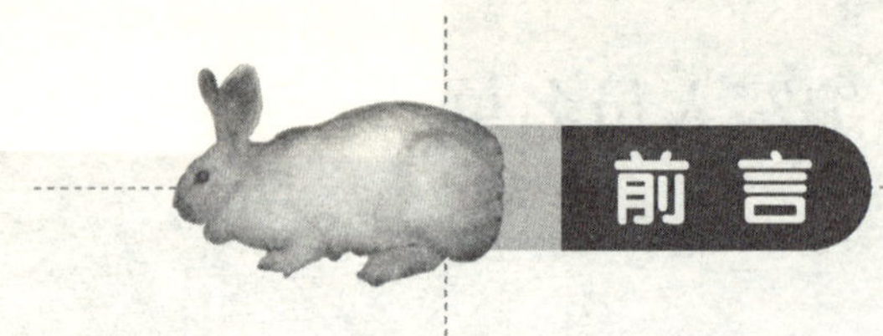

前言

獭兔是家兔中的一种，是一种典型的皮肉兼用型兔，因其毛皮酷似珍贵毛皮兽水獭而得名。獭兔的饲养价值很大，其皮毛为珍贵的制裘原料，市场货源紧缺；而肉产品以细嫩、高蛋白、高磷脂、高消化率、低脂肪、低胆固醇、低尿酸等特点而优于鸡、牛、羊肉，营养价值高且具有“益智、美容、保健”等功效。近几年，随着欧美和东南亚发达地区对獭兔产品需求量的增加，獭兔养殖前景逐渐看好。

目前，全国畜牧业正处在一个关键的发展时期，社会主义新农村的城乡“一体化”发展要求，加速了农村养殖结构的调整，传统的家兔饲养方式逐渐转变为向适度规模化养殖方向过渡。为了适应市场需求，我们必须改变原有的、落后的生产方式，提升技术水平，扩大生产规模，解决因家庭分散饲养造成的规模小、效益低、疫病防治难等不利因素带来的消极影响，以适应现阶段的发展要求。为此，笔者根据多年的实际经验，参照国家的有关法律、法规、技术标准，在查阅大量资料情况下，结合产业实际情况，与许多知名专家教授切磋，编写了《獭兔规模化高效养殖技术》这本实践性较强的专业技术手册。

由于时间仓促，作者技术水平有限，本书在指导养殖户实际生产中难免会出现一些问题，如有疑点和纰漏，请及时与编辑人员联系，以求共同探讨解决。

编者

2011 年 11 月

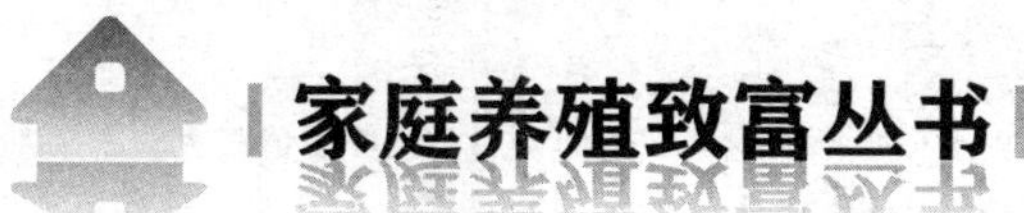

◎ 庞连海　庞思达　孟雪舟　主编

TATU GUIMOHUA
GAOXIAO YANGZHI JISHU

化学工业出版社
·北京·

獭兔由于毛皮酷似水獭而得名，皮肉兼用，饲养价值很大。本书基于作者常年指导獭兔养殖的实际经验，进行全方位的梳理和总结，对当前獭兔养殖的问题进行了分析，给出了解决思路和办法，对农户的生产经营进行手把手的指导。本书讲解了獭兔的品种选择、养殖场建设、习性特征、生育规律、日粮加工调制、繁育、疾病防治与皮肉加工处理，尤其是日粮加工调制与经验配方以及具体的成本利润分析是本书的亮点。本书语言通俗易懂，易于掌握，能够直接指导没有饲养经验的农户和初学者从事实际生产。

本书适于作为广大獭兔养殖户和农村技术员的指导用书，也可作为大中专院校畜牧养殖及动物营养等专业师生参考用书。

图书在版编目（CIP）数据

獭兔规模化高效养殖技术/庞连海，庞思达，孟雪舟主编．—北京：化学工业出版社，2011.12（2014.1重印）
（家庭养殖致富丛书）
ISBN 978-7-122-12558-3

Ⅰ.獭…　Ⅱ.①庞…②庞…③孟…　Ⅲ.兔-饲养管理　Ⅳ.S829.1

中国版本图书馆CIP数据核字（2011）第209202号

责任编辑：李　丽　张国锋　　　装帧设计：韩　飞
责任校对：周梦华

出版发行：化学工业出版社
（北京市东城区青年湖南街13号　邮政编码100011）
印　　装：北京云浩印刷有限责任公司
850mm×1168mm　1/32　印张6½　彩插1　字数190千字
2014年1月北京第1版第2次印刷

购书咨询：010-64518888（传真：010-64519686）　售后服务：010-64518899
网　　址：http://www.cip.com.cn
凡购买本书，如有缺损质量问题，本社销售中心负责调换。

定　　价：19.80元　

目录

第一章　我国獭兔产业的基本现状及发展趋势

獭兔是我国家兔经济中的重要组成成分。自改革开放以后，獭兔业得到了很好的发展，逐渐成为振兴农村经济、帮助农民脱贫致富的有效途径之一。目前，我国獭兔养殖在市场经济的调控下，逐渐由散养向规模化方向发展，并在主要的产区形成高密度养殖带，其产品逐渐占领国际、国内两大市场。

第一节　我国獭兔产业的基本现状及存在的问题

近几年我国家兔行业发展速度较快，受益于兔肉行业生产技术不断提高，以及下游需求市场不断扩大。我国獭兔养殖发展很快，现成为世界上最大的獭兔产品出口国。

一、我国獭兔产业的基本现状

我国自20世纪80年代开始引进獭兔，大多为散户分散饲养，养殖条件粗劣。近几年，随着国际市场的兴旺，一些省市把发展獭兔生产列为帮助农民脱贫致富的“富民产业”。目前，随着国内獭兔养殖业的发展，特别是随着獭兔裘皮服饰在国内国际市场的热销和市场需求的迅速扩大，我国獭兔业迎来了前所未有的发展机会。2009年全国家兔存栏量约为3.2亿只，其中肉兔1.3亿多只，毛兔5000多万只，獭兔1.4亿多只；饲养总量比1985年的9000万只增加了2.5倍，其中以獭兔表现最为突出，比1985年的1000万只增加了13倍，为世界上最大的獭兔产业大国。

二、獭兔生产过程中存在的问题

1. 种兔市场乱

我国种兔生产缺乏比较规范的良种繁育体系和质量监控体系，种兔没有统一的质量标准，品种间的品系较为杂乱，外貌特征没有明显的区分，质量上更是高低不齐。

2. 经营秩序乱

我国兔业经营秩序多年来一直比较混乱，不正当竞争时有发生。宣传上的误导、生产上的盲目、市场空间的局限，加上从业人员综合素质低，导致兔产品市场波动频繁。

3. 组织形式乱

我国獭兔生产以农民自发经营为主，表现为各地发展现状不一致，模式也各不相同。有些地方效仿其他行业“公司＋农户”的经营模式发展当地兔业生产；有些地方是政府采取行政措施，推动了当地獭兔事业的发展；还有一些地方的养兔场户自发组织起来，成立兔业协会或合作社。獭兔生产组织形式混乱。

4. 基础设施不健全

我国养兔业的生产管理归农牧部门，而技术管理和产品销售则由农牧部门、外贸出口单位等多部门参与，同时大量獭兔由农户分散饲养，故其基础设施建设较差。

5. 重繁殖轻培育

我国獭兔生产方式从整体上看是农村分散的粗放饲养为主，对高繁状况下的獭兔来讲，其营养供给和环境控制均满足不了需要，故出现因繁殖利用过度而繁殖效率较低的现象；另外，我国兔种的培育机构也相对较少，不能满足市场需求，使兔种种质全面退化。

第二节　我国獭兔产品消费及产业发展趋势分析

我国年产兔肉 40 多万吨，年人均消费兔肉不足 500 克。但随着人民膳食结构的改变，生活水平的提高，市场上兔肉的需求量开始不断增加。如果我们依靠科学的饲养和管理办法提高兔肉产品的质量，并让人们逐渐意识到食用兔产品的各种益处，改变食肉习惯，估计每人每年增加食用兔肉 500 克是比较可能的，全国即增加消费兔肉 60 多万吨，需要增加养殖商品兔 6 亿多只，而目前我国养殖量远远满足不了消费者的需求，可见消费市场、养殖市场前景非常广阔。

獭兔皮是当前兔产品市场中最活跃的商品。经过两年低潮冲击

后，獭兔皮的价格已从2009年三季度开始回升，2011年持续上扬，内皮平均每张达到50元以上。我国年产优质獭兔皮40万张，其中内销15万张，出口25万张；由于近几年獭兔裘皮服饰设计新颖、时尚、华丽，其产品一直热销，造成皮源紧缺，獭兔皮有进一步攀升的趋势。

第三节　养殖户獭兔生产利润分析

獭兔的经济效益更好于其他养殖行业，这主要是由它的生产性能决定的。獭兔属高效草食动物，具有繁殖力强、饲养周期短、生产潜力大的特点。只要精心饲养，1只母兔年繁殖6～8窝，可育成兔50只左右，适时取皮，一般情况下每只兔子售价超过80元，根据规模饲养成本核算，每只兔饲养成本在30元左右（农户分散饲养，成本更低），每只成兔纯收入基本可保持50元左右。周期性生产，每只繁殖母兔年纯收入可达50只×50元/只＝2500元左右。据此，以饲养20组基础种兔的小型养兔场为例，80只种兔，其中以60只母兔列入产崽计划（35天断奶，2个月分笼，4个月出栏），年纯收入基本可保持在14万元左右。在农村办这种小型家庭养兔场，可以利用一些闲置农舍院落，土建投资不多。如果新建，则需130米^{2}的使用面积。下面是一个20组基础种兔小型兔场的养殖利润测算。

一、主要设备

种兔笼80个；商品兔笼60套（按每只产崽母兔一套，4套/层，4层/室）；小型颗粒饲料机1个（每小时产100千克颗粒料）。

二、主要投资

1. 固定资产投资

包括房屋建设、购买种兔笼、购买商品兔笼、购买颗粒机和其他附属设施建设。

① 房屋建设：130米^2，500元/米^2，需投资65000元。

② 购种兔笼80个，30元/个，需投资2400元。

③ 购一台小型颗粒饲料机，2000元/台，需投资2000元。

④ 购商品兔笼 60 套，240 元/套，需投资 14400 元。

⑤ 其他附属设施建设 1000 元。

2. 可变资产投资

购买种兔 80 只（母兔 65 只，公兔 15 只），每只购价 150 元，需投资 12000 元。

三、20 组基础种兔的养殖利润

1. 每年固定资产投资

① 房屋建设按使用年限 30 年计算，每年固定资产投资＝65000 元÷30 年≈2167 元。

② 其他固定投资使用年限按 5 年计算，每年其他固定资产投资＝19800 元÷5 年＝3960 元。

那么，每年固定资产投资＝2167 元＋3960 元＝6127 元。

2. 每年可变资产投资

① 种獭兔（母）按饲养周期 6 年计算，折合每年资产投资＝65 只×150 元/只÷6 年＝1625 元/年。

② 种獭兔（公）按饲养周期 2 年半计算，折合每年资产投资＝15 只×150 元/只÷2.5 年＝900 元/年。

结论：饲养 20 组基础种兔的小型养兔场一年的养殖利润＝150000 元－6127 元－1625 元－900 元＝141348 元（人员工资不计）。

况且，圈舍和商品兔笼还可以因地制宜，就地取材。由此可见，饲养獭兔在我国农村确实是一项勤劳致富的短、平、快项目，值得大力推广发展。

第四节　养殖户獭兔生产的对策及发展前景

目前，我国的獭兔生产即将走进良性循环的大好时期，獭兔的市场行情，也已经摆脱了人为的干扰和影响，它同一切完全进入商品生产的其他行业一样，其市场行情直接受市场价值规律的影响，也会在一定的时期出现波动，但这个波动应该在企业和广大养殖户都能够承受的区间，属于獭兔生产利润空间的波动，是正常的。目

前，一只商品獭兔赚 50 元左右，投资回报率还是比较高的；但优良品种、较高的饲养水平、较好的产品内在质量也是影响市场价格的主要因素。所以，养殖户要想站稳市场，必须从以下几个方面入手。

一、与龙头企业联姻，实行规模饲养

养殖户要想长期从事獭兔生产，就必须以屠宰加工企业为龙头，种兔场为基地，组建起利益共同体，实施规模养殖，才能提高抵抗风险的能力，发挥优势，增加效益。

二、引进优良兔种

在獭兔生产已经完全进入商品化生产后，獭兔皮张质量已成为制约獭兔养殖业经济效益的关键环节，而保证獭兔皮质量最根本的措施还是要选好品种。有了好品种，再加上科学精心的饲养，才能获得上乘的毛皮，确保好的经济效益。

三、筹建獭兔毛皮和兔肉的精深加工基地，以扩大市场占有率和市场需求，推动獭兔业的长足发展

一个行业的发展，关键在于其经济产品的市场需求是否旺盛。獭兔皮本身具有短、细、密、平、美、牢的特点，与水貂皮、狐皮等比较显得价廉物美，符合目前国际国内市场追寻自然和时尚的要求，发展潜力很大。而兔肉具有高蛋白、高磷脂、高赖氨酸、高消化率和低脂肪、低热量、低胆固醇、低污染的营养保健功能，被西方发达国家誉为“健美肉”、“益智肉”。现代营养学家预言，兔肉是 21 世纪人类摄取蛋白质的主要来源之一。

四、走产业化经营的道路

獭兔产业化是以市场为导向，以效益为中心。其实质是通过龙头企业将市场与饲养者连接起来，把饲养者带进市场，把市场引入饲养者。它是连接市场和养殖者的桥梁和纽带。核心是一体化经营，实行专业化分工，贸工农、产供销密切结合，充分发挥龙头企业开拓市场、引导生产、深化加工、配套服务的作用，并且采取现代企业的管理方式。它的目的之一是使饲养者真正获利，实行产加

销一体化，解决了饲养者盲目生产、产销脱节、生产大起大落的问题；又使獭兔生产向产前产后延伸，扩大经营领域，延长产业链，使饲养者不仅获得生产环节的效益，而且能分享加工、流通环节的利润，从而使农民富裕起来。实行獭兔产业化一是会使兔的产出率和獭兔产品转化为商品率得到最大限度的提高；二是獭兔产品的生产与市场流通有效地结合起来，以龙头企业来内联千家万户、外联两个市场（国内国外），从而引导、带动、辐射农业产业化的发展，并且建设一批主导产品、龙头企业、服务组织、商品基地，为我国獭兔产业真正的兴旺发达创造条件。图 1-1、图 1-2 为简易的和利用闲置棚舍改造的獭兔圈舍。

图 1-1　简易獭兔圈舍

图 1-2　利用闲置车间改造的獭兔圈舍

第二章　我国市场上主要饲养的獭兔品种

獭兔是家兔的变种，是新兴商品的产物。20 世纪末，獭兔皮以色泽光润、手感柔软、外观绚丽，做成的服装、服饰轻柔、美观、时尚且价格相对低廉，而大批量进入裘皮服饰加工领域。我国于 20 世纪 80 年代开始引进，后经选育的手段和方向不同，形成白色、海狸色、黑色、青紫蓝色、蓝色、海豹色、巧克力色、橘红色、红色、黑白宝石花、黄宝石花等各种颜色的系，其中白色獭兔是毛皮工业中最受欢迎、最有价值的毛色类型之一。

第一节　我国市场上从国外引进的獭兔品种

獭兔原产于法国，又叫力克斯兔，是世界著名的短毛类型皮用兔。因其皮毛颜色近似水獭，所以又称獭兔。而我国没有獭兔种源，自 20 世纪 80 年代始，引进不同品系经过杂交改良，优胜劣汰，形成了以美系獭兔、法系獭兔、德系獭兔等为主的几大支系品牌。

一、美系獭兔

美系獭兔又称天鹅绒兔，是我国市场上獭兔饲养的主要品种，约占总存栏量的 85%。它的特征是遍体密生绢亮如丝的短绒毛，其戗毛极细，不突出在绒毛上面；被毛特别浓密柔软，无毛向，不论顺抚倒摸，其毛绒都不会弹回，如同水獭绒；保温力强，毛绒不易脱落，是现代皮用兔之中突出的好品种。但由于国内不同兔场饲养管理和选育手段的不同，美系獭兔的个体差异较大。

1. 外貌特征

头小嘴尖，眼大而圆，耳长中等、直立、转动灵活，颈部稍长，肉髯明显；胸部较窄，腹腔长大，背腰略成弓形，臀部发达、肌肉丰满。毛色类型有 14 种之多，我国引进的以白色为主。具体情况参考图 2-1、图 2-2。

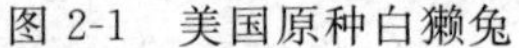
图 2-1　美国原种白獭兔

图 2-2　美系红宝石花色獭兔

2. 生产性能

（1）繁殖性能　该品系的繁殖性能较强，每年可繁殖 5～8 胎，每胎平均产仔数为 9.7 只，断乳只数为 8.5 只左右。初生体重 45～55 克，母兔泌乳能力较强，母性好，30 天断乳体重达 400～550 克。

（2）生长性能　成年兔体重 3.5 千克左右，体长 39.5 厘米左右，胸围 37 厘米左右。5 月龄体重达 2.5 千克以上，在良好的饲养管理条件下，4 月龄体重可达 2.5 千克。

（3）毛皮质量　美系獭兔的被毛品质好，被毛密度较大。据测定，5 月龄商品兔，每平方厘米被毛密度在 13000 根左右，最高可达 18000 根以上。

3. 美系獭兔与其他品系的比较

美系獭兔的适应性好，抗病能力强，繁殖能力高，容易饲养。其缺点是群体参差不齐，平均体重较小，一些地方的美系獭兔退化较严重，应引起足够的重视。

二、法系獭兔

法系獭兔原产于法国，因为是良种獭兔所以被引种到世界各地。它最大特点就是皮毛非常地细密平整，分布均匀，手感非常好，而且法系獭兔是一个以用皮为主、皮肉兼用的品种。

1. 外貌特征

法系獭兔体型匀称，颌下有肉髯，耳长中等，且可自由转动。

须眉细而卷曲，毛绒细密、丰厚、短而平整，外观光洁夺目，手触被毛有凉爽的丝绸感。獭兔的头小偏长，口大、嘴尖，口边长，有较粗硬的触须，眼球大而近呈圆形，其单眼的视野角度超过 180 度。獭兔的眼珠有各种颜色，在一般情况下是不同色型的重要特征之一，如白色獭兔呈现粉红色，黑色獭兔呈现黑褐色。颈粗而短，轮廓明显可见。胸腔较小，腹部较大，背腰弯曲略成弓形，臀部宽圆而发达，肌肉丰满，发育匀称。前脚五指，后脚四趾，爪有各种颜色。具体情况参考图 2-3、图 2-4。

图 2-3 法系原种獭兔

图 2-4 法系海狸色獭兔

2. 生产性能

(1) 繁殖性能　法系獭兔初配时间，公兔为 25～26 周，母兔为 23～24 周。每胎平均产活仔数 8.5 只，每胎提供断乳仔兔数 7.8 只左右，断乳成活率 91.76%左右，胎平均出栏数 7.3 只，母兔年出栏商品兔 42 只左右。母兔母性良好，护仔能力强，泌乳量大。

(2) 生长性能　生长发育快，饲粮报酬高。在良好的饲养条件下，仔兔 21 天窝重 2850 克，35 天断乳个体重达 800 克，出生 100 天体重达到 2.5 千克左右，150 天平均达到 3.8 千克左右。商品兔出栏月龄为 5～5.5 月龄，出栏体重达 3.8～4.2 千克。

(3) 皮毛质量　皮张面积在 0.4 米^2 以上，皮毛质量好的风吹不漏皮，95%以上达到一级皮标准。用法系獭兔改良我国现有退化的獭兔，可以获得高质量的皮张。

3. 法系獭兔与其他品系的比较

该品系在全封闭、标准化饲养管理的情况下，具有较好的生产

性能和较大的生长潜力。但其在农户较粗放的饲养管理条件下，生产性能有一定的下降趋势。

三、德系獭兔

德系獭兔原产于德国，是世界著名的良种獭兔。到现在已有九十多种颜色，其中海狸色、白色（包括特白色）、红色、蓝色、青紫蓝色等较为普遍。

1. 外貌特征

该品系体型大，被毛丰厚、平整、弹性好，遗传性稳定。外貌特征为体大粗重，头方嘴圆，尤其是公兔更加明显，无明显肉髯。耳厚而大，四肢粗壮有力，全身结构匀称。

2. 生产性能

（1）繁殖性能　德系獭兔初配时间，公兔为 6 个月，母兔为 5 个月。平均每胎产仔 8.5 只，多者可达 14 只。初生体重为 54.7 克，平均妊娠期为 32 天。母兔母性良好，护仔能力强，泌乳量大。

（2）生长性能　该品系生长速度快，出生 100 天体重达到 2.5 千克左右，饲料转化率高；商品獭兔出栏月龄为 5～5.5 月龄，出栏体重 3.8～4.2 千克。据测定：成年兔体重平均为 4.08 千克，体长 41.67 厘米，胸围 38.91 厘米。体重和体尺高于同条件饲养的法系和美系獭兔。具体情况参考图 2-5、图 2-6。

图 2-5　德系原种獭兔

图 2-6　德系黑宝石花色獭兔

（3）皮毛质量　德系獭兔被毛致密、直立、柔软、富有弹性，繁殖率较低。但将其作为父本与美系杂交，后代表现良好，对于提

高生长速度、被毛品质和改善体形，有很大的促进作用。因此，许多地方采用这种生产方式生产商品兔，经济效益很好。

3. 德系獭兔与其他品系的比较

用德系獭兔改良我国现有退化的獭兔，可以获得高质量的皮张。

第二节　我国自主研发培育的獭兔品种

过去，我国饲养的獭兔品种，主要是引进品种。科研工作者为了改变这种现象，从20世纪90年代初开始，经过20多年的努力，培育出适合我国市场需求的VC-Ⅰ、VC-Ⅱ系和四川中型白獭兔。这标志着我国在獭兔行业拥有了自己的品系。

一、VC-Ⅰ獭兔品系

VC-Ⅰ系是中国人民解放军军需大学獭兔繁殖中心1988～1989年以日本大耳白兔为母本，利用其母性强、体重大的优点，与加利福尼亚短毛型獭兔为父本进行杂交、测交，在“八点黑”短毛纯合体中进行继代选育，后经5世代选育而成。

1. 外貌特征

体躯被毛白色，耳、鼻、四肢下部和尾部为黑褐色，即俗称的“八点黑”色。眼睛红色，颈短粗，耳直立，体形较大，前躯及后躯发育良好，肌肉丰满。绒毛丰厚，皮肤紧凑，秀丽美观。具体情况参考图2-7、图2-8。

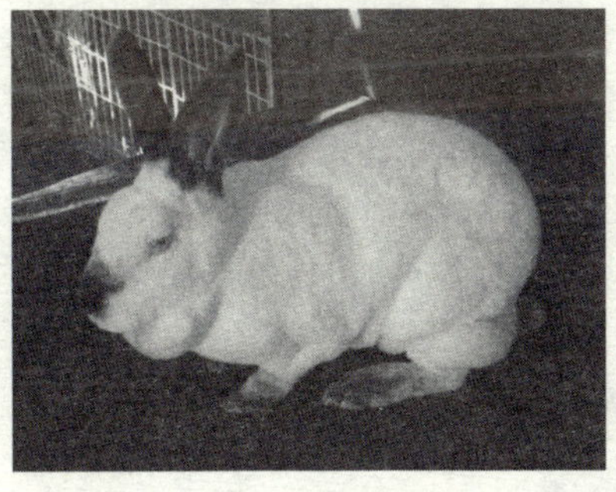

图2-7　VC-Ⅰ系种獭兔

图2-8　VC-Ⅰ系商品獭兔

2. 生产性能

(1) 繁殖性能　VC-Ⅰ系獭兔繁殖能力强，泌乳力高，母性好，产仔均匀，发育良好。母兔平均窝产仔数7.22只，仔兔出生窝重351.23克，个体体重51.72克，泌乳力为1881.29克，40日龄断乳平均个体体重861.33克，断乳成活率94.50%。

(2) 生长性能　VC-Ⅰ系獭兔早期生长速度快，产肉性能良好，2月龄体重1.8～2.0千克，成年兔平均体重为3～3.9千克，体长50.6厘米，5月龄胸围26.15厘米。屠宰率52%～54%。

(3) 皮毛质量　背部、腹侧、腹部取毛1厘米^2，测得平均被毛密度为14680根/厘米^2。毛长1.68厘米，毛纤维细度16.48微米，粗毛率4.45%。四肢坚实、粗壮，脚底毛度浓密。该品系被毛底绒厚实，针毛浓密、平整，特点与狐狸皮相似。

3. VC-Ⅰ系獭兔与其他品系的比较

该品系獭兔具有体形和皮张面积大、毛品质优良、适应北方寒冷气候，耐粗饲等突出优点，深受广大养兔场户的喜爱，同时还是实验动物的一个重要来源。

二、VC-Ⅱ獭兔品系

VC-Ⅱ系獭兔选育的父本、母本与VC-Ⅰ系相同，只是该系选育出白花短毛型进行继代选育，经过5世代培育而成。

1. 外貌特征

全身被毛洁白如一，鲜艳纯正，眼睛粉红色，爪白色或肉色。该色型由于可染成人们喜欢的任意一种颜色，故最受毛皮工业欢迎。具体情况参考图2-9、图2-10。

2. 生产性能

(1) 繁殖性能　繁殖能力强，泌乳能力好，母性强，母兔平均窝产仔数6.9只，仔兔出生窝重386克，个体体重52.9克，21日龄窝重1897克，40日龄断乳平均个体体重894克，断乳成活率95.1%。

(2) 生长性能　该品系生长速度较快，产肉性能好，成年兔平均体重为3.5～4.0千克。体长53厘米，胸围29厘米。结构匀称，头较圆，眼红色，耳较长、直立。

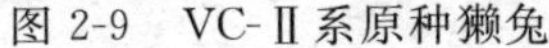

图 2-9 VC-Ⅱ系原种獭兔

图 2-10 VC-Ⅱ系商品獭兔

(3) 皮毛质量 全身被毛洁白，公兔平均被毛密度 13900 根/厘米^2，毛长 1.75 厘米，毛纤维细度 16.7 微米，粗毛率 5.7%，但有的个体细毛的尖部有粗毛外露。该品系毛皮具备“短、细、密、平、美、牢”六大特点，毛皮质量优良。

3. VC-Ⅱ系獭兔与其他品系的比较

VC-Ⅱ系獭兔是我国国内培育的第一个具有自主知识产权的新品系獭兔。适应我国北方的气候特点，饲养方式粗放，耐粗饲，繁殖力强，产仔数高，抗病力强。尤其能充分利用作物秸秆，饲料来源广，深受人们的喜爱。

三、四川白獭兔

四川白獭兔是四川草原研究所的科技人员利用美系和德系獭兔杂交培育，为中型獭兔。具有适应性广、生长速度快、毛皮质量好、繁殖力强、遗传性稳定、抗病力强等特点。

1. 外貌特征

四川白獭兔具有美系獭兔的基本特征。全身被毛白色、丰厚，色泽光亮，无旋毛，不倒向。眼睛呈粉红色。体格匀称、结实，肌肉丰满，臀部发达。头型中等，公兔头型较母兔大。双耳直立，脚掌毛厚。具体情况参考图 2-11、图 2-12。

2. 生产性能

(1) 繁殖性能 四川白獭兔繁殖性能较高，受孕率达 81.80%，胎产活仔数 7.1 只，初生窝重 385.29 克，6 周龄窝重

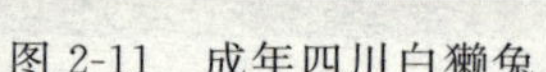
图 2-11 成年四川白獭兔

图 2-12 青年四川白獭兔

4493.48 克，断乳成活率 94.03%，与德系獭兔相比，受孕率提高 36%，断乳成活率提高 31.67%。

(2) 生长性能 该品系生长速度快，150～160 日龄平均体重达 3 千克以上，成年体重 3.5～4.5 千克。26 周龄平均日增重 18.12 克，与美系獭兔相比，生长速度提高 23.57%。利用四川白獭兔改良农户原饲养的獭兔效果显著，5 月龄体重达 2.7 千克，提高了 11%。

(3) 皮毛质量 该品系毛皮品质好，被毛 1.746 厘米，毛纤维细度 16.78 微米，被毛密度 22935 根/厘米^2，22 周龄生皮面积 1132.83 厘米^2，皮肤厚度 1.69 毫米。

3. 四川白獭兔与其他品系的比较

与德系獭兔相比，被毛密度增加了 15.80%，细度降低了 6.56%，断奶成活率提高 31.67%。该品系适应性广，经济效益和社会效益明显。

第三节 我国市场上具有獭兔品种特征的地方品种

我国是一个兔资源非常丰富的国家，截止到 2010 年，总物种达到 300 多种以上。其中中国白兔、塞北兔、哈尔滨白兔等十几种具有明显的獭兔品种特征。

一、中国白兔

中国白兔是我国的一个古老的肉皮兼用品种，分布全国各

地。对环境及气候适应性强、耐粗饲、抗病力强，但体形小，产肉低，皮张面积小，应加强该兔的选育和保种工作，是优良的育种材料。

1. 外貌特征

中国白兔个体被毛大多为白色，也有少数个体为麻、黑、灰等色，其毛长 2.5 厘米，短而紧密。眼睛红色，耳短小直立，嘴稍尖，头清秀，体形较小，结构紧凑。具体情况参考图 2-13、图 2-14。

图 2-13　中国原种白兔

图 2-14　美系獭兔与中国白兔杂交体

2. 生产性能

（1）繁殖性能　中国白兔个体虽较小但性成熟早，3 至 4 月龄即可配种，它繁殖力强，年繁殖 6～7 胎，每胎 8～9 只，多者可达 15 只。母兔性情温顺，母性好，泌乳力强，仔兔成活率高。

（2）产肉性能　成年体重在 2.35 千克左右。体长 35～40 厘米，胸围 25～28 厘米，屠宰率 50%左右。其肉质鲜嫩，皮板质量好，富有弹性，是做裘皮的好原料。

3. 中国白兔与獭兔的比较

中国白兔体形小，生长缓慢和产肉性能差，有待进一步改良。有生产者用法系獭兔与中国白兔杂交效果良好。

二、塞北兔

塞北兔是张家口农业专科学校自 1978～1986 年利用法系公羊

兔与比利时兔杂交培育而成，为大体形肉皮兼用品种。该兔有三个毛色品系（黄褐色、纯白色、草黄色），耐粗饲，抗病力强，适应性广，繁殖力较高，适合我国寒冷地区饲养。

1. 外貌特征

塞北兔有三个毛色品系，A 系被毛黄褐色，尾巴边缘、戗毛上都为黑色，尾巴腹面、四肢内侧和腹部的毛为浅白色；B 系纯白色；C 系草黄色。该品种被毛浓密，毛纤维稍长；头中等大小；眼眶突出，眼大而微向内凹陷；下颌宽大，嘴方，鼻梁有一黑线；耳宽大，一耳直立，一耳下垂；颈部粗短，颈下有肉髯；肩宽广，胸宽深，背平直，后躯宽，肌肉丰满，四肢健壮。具体情况参考图2-15、图 2-16。

图 2-15　塞北白兔

图 2-16　塞北灰兔

2. 生产性能

(1) 繁殖性能　该品种体形大，生长速度快。一般在出生后4～5 月龄性成熟，6～8 月龄开始配种繁殖，每窝平均产仔 7～8 只，多者可达到 15～16 只，年产仔 5～7 胎，仔兔出生体重平均60～70 克，30 天断奶体重可达到 650～1000 克。断奶成活率平均 81%。

(2) 产肉性能　仔兔初生重 60～70 克，1 月龄断奶重可达650～1000 克，90 日龄体重 2.1 千克，育肥期料肉比为 3.29：1。成年体重平均 5.0～6.5 千克，高者可达 7.5～8.0 千克。

3. 塞北兔与獭兔的比较

塞北兔体形较大，生长较快和产肉性能强，皮毛质量比獭兔

次，要获得较好的生产性能还需进一步改良。

三、哈尔滨白兔

哈尔滨白兔是中国农业科学院哈尔滨兽医研究所经过十多年的时间，用6个品种杂交选育而成的大型肉皮兼用品种。该兔生长快，繁殖率高，适应性强，耐粗饲，已在广泛推广应用。

1. 外貌特征

哈尔滨白兔全身被毛洁白，毛密柔软，毛皮质量较好，眼睛红色，肌肉丰满，体质结实，耳大而直立，部分母兔肉髯较发达，前后躯发育匀称，身腰细长，四肢强健。具体情况参考图2-17、图2-18。

图2-17　哈尔滨白种兔

图2-18　哈尔滨商品白兔

2. 生产性能

（1）繁殖性能　该兔种属大型肉兔新品种。成年兔体重6.2千克左右，体长约58厘米，胸围39厘米。年产仔6～8胎，窝产仔10只左右，成活率89%。

（2）产肉性能　哈尔滨白兔经适当育肥平均日增重33.2克，70日龄体重达2.49千克，料肉比3.35∶1；屠宰率半净膛为57.5%，全净膛为53.5%。饲料报酬不够理想。

3. 哈尔滨白兔与獭兔的比较

哈尔滨白兔体形比普通獭兔大，饲养成本较普通獭兔高。可利用体形特点与进口种兔进行杂交选育。

第四节　我国獭兔品种的开发和利用

目前，我国养殖场、户多采用分散、粗放形式饲养，生产环境较差，獭兔常出现乱交滥配现象，故使獭兔品种出现分化、退化现象。为此，养殖户必须要从兔种的质量入手，饲养纯系獭兔或培育新型性状稳定的獭兔品种，才能获得比较理想的效益。

一、充分利用杂种优势

现在我国农户主要饲养的是美系獭兔，可用美系獭兔为母本，法系獭兔为第一杂交父本，繁殖商品獭兔出售，并可在此杂交一代中选择表现优秀的母獭兔为母本，以德系獭兔为第二杂交父本进行三元杂交繁殖商品獭兔，并可继续在此杂交后代中选择表现优秀的母兔为母本，进行级进杂交生产商品獭兔并预期培育出优秀的獭兔品系。

二、注重新品种的培育

目前，我国獭兔新品种（品系）的培育，主要是以白色为主。因为白色獭兔品种（品系）遗传性能稳定，容易形成规模，便于加工染色，制成各色各式裘皮制品，满足市场消费者的需求。随着人们消费观念对产品质量意识的提高，除对产品本身的质量要求外，还蕴藏着产品对人体无害、对环境无污染，而且有益于人体健康的无公害或绿色产品的要求。为此，我们除了对白色獭兔新品种（品系）培育的同时，注重对有色獭兔新品种（品系）如海狸色獭兔、青紫蓝色獭兔、蓝色獭兔、黑色獭兔等的培育，以满足未来人们对自然色彩产品的需求，增强产品的市场竞争力。

三、大力推广獭兔新品种（品系）

过去，我国饲养的獭兔品种主要是引进品种，从20世纪80年代中期，我国从事家兔研究的科技人员开始了獭兔新品种或新品系的培育。四川白獭兔、VC-Ⅰ系和VC-Ⅱ系獭兔是我国自主研发的獭兔新品系，全身被毛浓密、平整，具有适应性广、生长速度快、毛皮质量好、繁殖力强、遗传性稳定、抗病力强等特点。目前，已

向全国二十余个省（市）推广，促进了我国獭兔毛皮质量和獭兔科技整体水平的提高。

四、利用国内地方品种的优势，使用优良品种杂交体

目前，我国优良的皮肉兼用地方品种有中国白兔、塞北兔和哈尔滨白兔，这些品种具有性状稳定、繁殖性能高、抗病能力强、皮毛质量与引进品种相似；我们可以充分利用它们的优势，与国外优良獭兔品种杂交，培育出具有良好性状的、遗传基因稳定的优良杂交体。

第三章　獭兔的生物学特性

獭兔是由野生穴兔驯化而来，它不同程度地保留了野兔的生物学特征，这些特征与家兔的繁殖、饲养管理、兔舍建筑以及兔产品的获得有着密切关系。所以只有掌握这些习性和特点，才能更好地挖掘獭兔的生产性能，尽可能地提高养殖效益。

第一节　獭兔的品种特征

獭兔是典型的皮肉兼用兔种，它的皮毛特点、外部结构、生产性能等都有独特之处，具体表现如下所述。

一、毛皮特点

獭兔毛皮与其他家兔相比，有着许多突出的特点，临床观察皮毛表现出特有的“短、细、密、平、美、牢”；其产品制成裘皮服装后，以轻柔、美观而深受广大消费者的青睐。

短：獭兔毛纤维较短，一般情况下毛的长度在1.6厘米左右，为皮毛理想长度1.3～2.2厘米之内。

细：獭兔被毛横截面的直径小，绒毛含量高，戗毛含量少。据测定，美系獭兔被毛的平均直径为16微米，粗毛率平均5.5%。

密：獭兔单位皮肤表面的毛纤维根数多，被毛非常浓密，手感非常柔软。

平：獭兔整个被毛，无论是绒毛，还是枪毛，长度基本一致。因此，被毛非常平整，如刀切剪修一般。如果戗毛含量较高而突出被毛表面，则为品种退化的标志。

美：獭兔被毛颜色多种多样，色调美观，毛色纯正，手感柔软且富有弹性，外观绚丽多姿，美观诱人。

牢：獭兔被毛纤维在皮肤上面附着结实牢固，不容易脱落。因此，为制裘创造了条件。

二、獭兔的色型

獭兔的色型是区别不同品系的重要标志。獭兔的色型很多，大

约 50 多种。其中最为常见的有 14 种色型，即：白色獭兔、红色獭兔、黑色獭兔、蓝色獭兔、青紫蓝色獭兔、加利福尼亚色獭兔、巧克力色獭兔、海狸色獭兔、海豹色獭兔、紫貂色獭兔、花色獭兔、蛋白石色獭兔、山猫色獭兔和水獭色獭兔（图 3-1～图 3-6 列出了较常见的六种色型）。

另外，还有散在的地区饲养着少数的米色獭兔、奶油色獭兔、橙色獭兔、银灰色獭兔、烟灰色獭兔和钢灰色獭兔等。

图 3-1 白色獭兔

图 3-2 花色獭兔

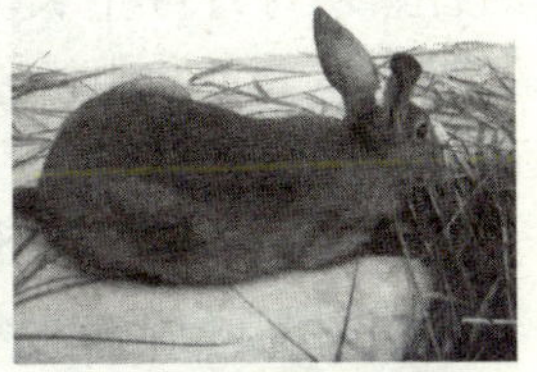

图 3-3 水獭色獭兔

图 3-4 蓝色獭兔

图 3-5 青紫蓝色獭兔

图 3-6 加利福尼亚色獭兔

第二节 獭兔的生活习性

獭兔与其他家兔相似，具有自己独特的生活习性。只有了解它们的生活习性，才能更好地从事獭兔专业化生产。

一、昼伏夜行性

獭兔具有昼静夜动的习性，即白天表现非常安静；夜间活动频繁，进行采食、饮水等。獭兔夜间采食量及饮水量约占昼夜总量的 60%左右。在饲养管理中必须充分考虑这一特性，合理安排饲养日程，饲喂要定时定量，饮水要充足。

二、食眠性

獭兔与其他家兔相比，在一定的条件下更容易进入困倦或睡眠状态，特别是日间表现非常安静，除少量的采食、饮水外，常常静伏，闭目养神甚至睡眠状态，这种习性称为嗜眠性。在饲养管理工作中必须注重这一点，合理安排饲养日程，除喂料、饮水和日常管理工作外，兔舍内外应尽量保持安静，以利充分休息。

三、啮齿行为

獭兔的门齿有 3 对，其中中间一对为“门齿”，具有不断生长的特点，每月可生长 0.8～1.5 厘米。为保持上下门齿的吻合度，就要依靠采食和啃咬硬物不断磨蚀来维持门齿的正常长度。因此，在建造兔笼和选用材料时，应注意其坚固性和耐用性。或者可以在笼舍内投放一些硬质树枝和木棒，供獭兔肯咬。这样，既照顾了獭兔磨牙的习性，又可减少对笼具的损坏现象。另外，根据獭兔的这一习性，最好将粉质混合饲料加工成硬质颗粒饲料，以利门齿的磨蚀，促进饲料的咀嚼与消化。

四、胆小怕惊

獭兔是抗敌能力很弱的动物，若遇外敌则毫无自卫能力，但警惕性很高。为了防御外敌，凭借一对听觉敏捷、活动自如的长耳，一旦发现危险信号，就会迅速逃跑躲避。獭兔胆小怕惊，常竖耳倾听周围的动静，听到突然的响声、喧闹声、狗猫叫喊声、机器轰隆声或遇到陌生人员，就会精神紧张、惊慌不安，在笼内乱跑乱撞，并以后足拍击笼底，发出响声，警示全场。突然受惊的兔，易发生应激反应，表现为食欲减退，发病，孕兔可发生流产，哺乳母兔可能咬食仔兔。因此，獭兔舍周围严禁施工，禁止外界干扰，更不要燃放鞭炮，并做到獭兔不得与狗、猫同养，远离噪声；饲养人员在兔舍内动作要轻，用具轻拿轻放，不要大声喧哗，敲击物体等。

五、耐寒怕热

兔子被毛浓密，汗腺不发达，仅在很小的鼻镜和鼠蹊部有少许汗腺。所以兔子的抗寒能力较强，而耐热能力很差。獭兔最适宜的温度为 12～25℃，但仔幼兔体温调节能力差，既怕热又怕冷；冬季如保温不好，常常造成仔兔死亡。所以在管理上，一定要做好夏季防暑，冬季保温工作。

六、喜干爱洁

獭兔喜爱清洁干燥的生活环境。清洁干燥的环境条件能保证獭兔健康、正常地生长发育和繁殖后代，而潮湿污秽的环境往往会招致传染病和寄生虫病的蔓延。獭兔抗病能力较差，患病后一般较难治疗，往往会给饲养者带来很大经济损失。根据獭兔的这一习性，在日常饲养管理工作中，必须保持笼舍环境的清洁干燥、光线充足、通风良好。

七、群居性差

獭兔合群性差，喜独居。在群养条件下，无论是公、母兔，或性别相同的中、成年兔，相互殴斗，撕咬现象时有发生，尤以公兔为甚。新组群混养者，殴斗现象更为严重。这种现象常常会造成獭兔皮肤损伤，毛皮质量下降，严重影响皮张利用价值。因此，凡在生产中 3 月龄以上的公、母兔应及时分笼饲养，一方面可防止撕咬争斗，另一方面可防止早配与乱配。但性成熟前的幼年兔，撕咬争斗现象较少，可以采用群养方式，既可以节省笼舍，又能有效地提高劳动效率。

八、穴居性

獭兔有打洞穴居的习性，只要不加人为的限制，一旦接触到土面就要掘土造洞，以隐藏自身并繁育后代。因此在建造兔舍和确定饲养方式时，应针对这一习性，采取相应措施，以免因选材不当或设计不合理，导致獭兔在舍内打洞造穴，给饲养管理带来困难和严重影响毛皮质量。

九、嗅觉灵敏

獭兔的视觉较差，但嗅觉却非常灵敏，常用鼻闻来辨别不同的气味。在寻找分辨食物时，用鼻闻可以辨别出食物有无异味，是否新鲜，有无毒性或霉变。在饲料充足的情况下，兔很少吃食有毒的青草和霉烂的饲料。用鼻闻还可以辨别出自己的仔兔和同群兔。另外，兔的嗅觉在性别分辨和交配上也起着重要作用。在异性分散的情况下，兔可以凭嗅觉根据性引诱素散发的方向寻找配偶，有的兔可以跨越几百米或更远的距离，这对提高性欲及受精率相当重要。

一些嗅觉灵敏的公兔，常因母兔被别的公兔爬跨或交配后，拒绝交配并撕咬母兔。

第三节　獭兔的采食特性

獭兔不同于其他家畜，为单纯的草食动物，消化器官也具有适应采食草料的特点。所以，獭兔的采食具有一定的特殊性。

一、草食性

獭兔是草食性动物，喜食植物性饲料，如植物的叶、茎、块、根和种子等。对动物性饲料多不感兴趣。若饲料中加入过多的鱼粉、血粉等，往往引起獭兔拒食。

二、扒食性

在野生条件下，兔子凭借自己发达的嗅觉和味觉，在众多的饲料中四处寻觅自己所喜爱吃的食物。家养的条件下，一切饲料靠人工配制提供，当混合搅拌不均、粉碎的颗粒过大或出现异味，往往造成兔子挑食，用前爪在饲槽里扒来扒去，将饲料扒出槽外，造成浪费。所以，饲料必须营养全面均衡，不要喂发霉变质或出现异味的饲料；配合饲料要充分拌匀。当多汁饲料切丝喂兔时，不宜与粉料拌在一起，以防兔子挑食多汁料而把其他饲料扒出。

三、啃食性或啮齿性

獭兔门齿终生生长。为了磨损不断生长的牙齿，使牙齿保持适当长度，獭兔善于啃咬较坚硬的物料。生产中发现，如饲料中粗纤维不足或硬度不够，牙齿得不到磨损时，獭兔便寻找笼门、踏板、产箱，甚至食盆、水槽啃咬，使之受到破坏，为了防止獭兔乱啃乱咬，饲料中应含有足够的粗饲料。颗粒饲料可有效地预防獭兔啃咬。平时在兔笼内投放一些树枝条，让其自由啃咬既可防止乱啃，又可获得一定的营养。

四、食粪性

兔子在正常情况下进食后 3～6 小时，就会排出粪便。排出的粪便有两种：一种是软粪，在夜间排出，呈小颗粒软团状；另一种是硬粪，在白天排出，呈大颗粒，硬粒状。据测定，排出的软粪量约占全天总排粪量的45％～60％，软粪中所含的粗蛋白质和水溶性维生素均高于硬粪。一般情况下獭兔都是食饲盲肠粪，边排边吃，并有咀嚼动作。獭兔食粪的行为，可使饲料中营养成分得到进一步的消化和吸收，可以提高饲料的利用率。食粪是獭兔的正常行为，突然停止食粪，应视为患病的前兆。

第四节 獭兔的繁殖特性

獭兔为高繁育家畜，一年四季均可配种繁殖。它性成熟早，发情周期短，发情表现不明显，獭兔的繁殖生理特点决定着它的繁殖特性。

一、多胎高产

獭兔属多胎高产动物，繁殖不受季节限制。具有性成熟早、妊娠期短、产仔数多、哺乳期短等特点。一只母兔在良好的饲养管理条件下，平均年产5～8胎，最多可达10～11胎；每胎5～8只，高者可达15只。新生兔6～8月龄即可产第一胎获得后代，表现很强的繁殖力。图3-7、图3-8为美系母兔和多胎仔兔图片。

图3-7 产后美系獭兔

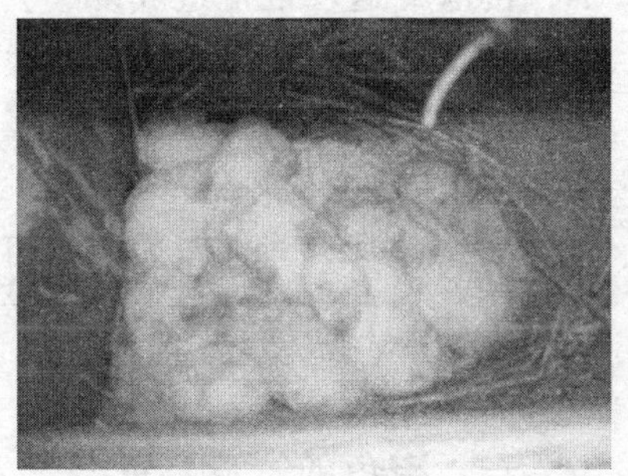

图3-8 新产仔兔

二、诱发性排卵

獭兔卵巢中发育成熟的卵子，必须经公兔交配或注射性激素后方能排出，未经交配或其他刺激，成熟卵子不会自动排出而被吸收。因此，在母兔发情不明显的情况下，可用性欲强的公兔采用强制交配方法使母兔妊娠受胎。

三、双子宫

獭兔是双子宫动物，两侧子宫的子宫颈共同开口于阴道，兔卵受精后的结合子不会由一个子宫角移到另一个子宫角。在生产上偶有妊娠期复妊现象——即母兔怀孕后又接受交配再怀孕，前后交配怀孕的胎儿分别在两侧子宫内着床，胎儿发育正常，分娩时分期产仔。

四、假孕现象

母兔受性刺激后排卵而未受精，但由于黄体存在，孕酮分泌，就会出现类似妊娠母兔的假孕现象，如拒绝交配、乳腺肿胀、衔草做窝等。假孕现象的持续时间为16～18天，由于没有胎盘，黄体逐渐消失，孕酮分泌减少，从而使假孕现象中止。

五、公兔夏季不育

环境温度和光照对獭兔的繁殖能力是一个潜在的影响因素。獭兔喜欢短的光照，3月份由于温度、光照的综合影响，公兔的射精量、精子浓度、活力最高；7月份正好相反，性欲降低、睾丸缩小、食欲减退，常常造成夏季公兔不育现象。

第五节　獭兔的皮毛特性

獭兔是典型的皮用兔。其鲜皮成分、纤维类型、毛皮特征、换毛规律及原料皮的季节特征等与其他动物皮张相比，具有独特之处。

一、獭兔的鲜皮特征

组成兔皮的化学成分，主要为水、脂肪、无机盐、蛋白质和碳水化合物等。了解兔皮的化学成分和理化性质，对兔皮的加工、鞣制具有重要意义。

1. 水分

刚屠宰剥取的兔皮含水分65%～75%；一般幼龄兔皮的含水

量高于老龄兔，母兔皮的含水量高于公兔皮。据测定，真皮层含水量最多，表皮层最少，网状层介于两者之间。鲜皮中的水分，随着干燥（存放）时间的延长，水分大量散失。由于胶原纤维结合紧密，加工浸水过程中就会导致充水困难，造成生皮难于浸软。

2. 脂肪

鲜皮中的脂肪含量约占皮重的10%～20%，主要存在于表皮层、乳头层和皮脂腺中，其次为网状层和皮下组织中。脂肪对兔皮的加工鞣制有极大影响。所以，含脂过多的生皮，在鞣制加工前必须进行脱脂处理。

3. 无机盐

鲜皮中含有少量的无机盐，约占鲜皮重的0.3%～0.5%，主要是钠、钾、镁、钙、铁、锌等。一般表皮层中含钾盐多，真皮层中含钙盐多；白色兔毛中含有较高的氯化钙和磷酸钙，深棕色兔毛中含有较高的氧化铁。

4. 碳水化合物

鲜皮中的碳水化合物含量约占皮重的1%～5%，从真皮层到表皮层，从细胞到纤维均有分布。主要成分为葡萄糖、半乳糖等单糖及糖原、黏多糖等。酸性黏多糖在基质中具有润滑和保护纤维的作用。

5. 蛋白质

鲜皮中的蛋白质含量约占皮重的20%～25%，是毛皮的重要组成成分，结构和性质极其复杂。

① 真皮的主要成分为胶原蛋白和弹性蛋白。胶原蛋白不溶于水、盐水、稀酸、稀碱和酒精，在鞣制加工过程中胶原蛋白经稀酸或其他鞣剂处理后，能保持柔软、坚固等特性。所以，在生皮贮存期间或鞣制加工过程中，应尽可能防止胶原蛋白受损。弹性蛋白不溶于水、稀酸及碱性溶液，但易被胰酶或饱和石灰溶液分解。鞣制加工过程中就是利用这一特性来除去弹性蛋白，以增加成品的柔软性和伸长性。

② 表皮和兔毛的主要成分是角蛋白，不溶于水、酸、碱溶液，具有抗酶作用；白蛋白、球蛋白、黏蛋白和类蛋白主要存在于血

液、淋巴和纤维之间，白蛋白和球蛋白易溶于水、酸和碱溶液，遇热凝固，黏蛋白和类蛋白则不溶于水和中性盐溶液，但能溶于稀碱溶液，可被酸性蛋白酶和黏蛋白酶分解。在兔皮鞣制加工的准备工序中必须除去白蛋白、球蛋白、黏蛋白和类蛋白，以利鞣剂、加油剂、染料等渗入皮层内，提高毛皮的质量。

二、獭兔的换毛特性

獭兔的正常换毛现象是对外界环境的一种适应表现，换毛时间可分为年龄性换毛和季节性换毛。

1. 年龄性换毛

主要发生在未成年的幼兔和青年兔。第一次年龄性换毛是在仔兔出生后 30～90 日龄。据观察，120 日龄以内的獭兔被毛多呈空疏、细软，不够平整；之后，随日龄增长而逐渐浓密、平整。獭兔皮张以第一次年龄性换毛结束后的毛皮品质为最好，屠宰剥皮最合算。第二次年龄性换毛多在 180～240 日龄结束，换毛持续时间较长，有的可达 4～5 个月，且受季节性影响较大。如第一次年龄性换毛结束时正值春、秋换毛季节，往往就会立即开始第二次年龄性换毛。

2. 季节性换毛

主要是指成年兔的春季换毛和秋季换毛。

（1）春季换毛　北方地区多发生在 3 月初至 4 月底，南方地区则为 3 月中旬至 4 月底。

（2）秋季换毛　北方地区多在 9 月初至 11 月底；南方地区则为 9 月中旬至 11 月底。

季节性换毛的持续时间长短与季节变化情况有关，一般春季换毛持续时间较短，秋季持续时间较长。另外，也受年龄、健康状况和饲养水平等的影响。

3. 换毛顺序

根据观察，大部分獭兔的换毛顺序一般先由颈部开始，紧接着是前躯背部，再延伸到体侧、腹部及臀部。少部分兔则可能出现全身被毛无序脱落现象。春季换毛与秋季换毛顺序大致相似，唯颈部毛在春季换毛后夏季仍不断地褪换，而秋季换毛后则无此种现象。

獭兔换毛期间体质较弱，消化能力降低，对气候环境的适应能力也相应减弱，容易受寒感冒。因此，换毛期间应加强饲养管理，供给容易消化、蛋白质含量较高的饲料，特别是含硫氨基酸丰富的饲料，对被毛的生长、毛皮品质的提高尤为重要。

三、獭兔皮毛季节性特征

从獭兔被毛的褪换规律可以看出，宰杀取皮季节不同，皮板与毛被的质量也有很大差异。

1. 春皮

自立春（2 月）至立夏（5 月），气候逐渐转暖，这时所产的皮张底绒空疏，光泽减退，板质较弱，略显黄色，油性不足，品质较差。

2. 夏皮

自立夏（5 月）至立秋（8 月），气候炎热，经春季换毛后已褪掉冬毛，换上夏毛。这时所产的皮张被毛稀短，缺少光泽，皮板瘦薄，多呈灰白色。毛皮品质最差，制裘价值最低。

3. 秋皮

自立秋（8 月）至立冬（11 月），气候逐渐转冷，且饲料丰富，早秋所产的皮张毛绒粗短，皮板厚硬，稍有油性；中秋皮毛绒逐渐丰厚，光泽较好，板质坚实，富含油性，毛皮品质较好。

4. 冬皮

自立冬（11 月）至立春（2 月），气候寒冷，经秋季换毛后已全部褪换为冬毛。这时所产的皮张毛绒丰厚、平整，富有光泽，板质足壮，富含油性，特别是冬至到大寒期间所产的毛皮品质最好。

第四章 獭兔的消化系统构造和生长发育规律

獭兔是草食性动物。他们一年四季以野草、树叶、根茎类、作物秸秆秧蔓及青绿多汁饲料为主食。獭兔这种适应粗饲料的特性是由其特殊的消化系统构造和生长发育规律决定的。

第一节 獭兔的消化系统构造及特点

獭兔的消化系统很发达，是由消化器官和消化腺组成的。獭兔因其消化器官本身的特性，决定着消化方式的特殊性。

一、消化器官和消化腺

獭兔的消化器官主要包括：口腔、咽、食道、胃、小肠（十二指肠、空肠和回肠）、大肠（盲肠、结肠和直肠）和肛门；消化腺包括唾液腺、肝、胰和消化管壁上的小腺体。

1. 口腔

口腔由唇、牙齿、舌等构成。口腔具有咀嚼、味觉等机能，是消化管的起始部，也是机械消化的主要场所。獭兔进食的整个过程是由口腔开始的。由于獭兔的前肢不能握紧食物，獭兔就利用唇把食物拉过来，再用门牙把食物切成小块；之后，食物会传送到臼齿磨碎吞下，形成食糜进入食道。

2. 食管

獭兔的食管大部分为横纹肌，食管下段近胃处才转为平滑肌。食糜经过食道就会进入胃部。

3. 胃

獭兔的胃部很大，为单室胃，一次可以食入大量的饲草，供獭兔消化利用。胃壁黏膜可分泌酸性胃液，可分解部分蛋白质和脂肪。獭兔胃部的位置在横膈和肝的后方，腹腔的前部，下接十二指肠。胃部的主要作用是贮存食糜，引导食糜进入小肠中作进一步的消化和吸收。

4. 小肠

獭兔的肠道很长，一般为体长的10倍。容积也特别大，可以大量利用饲草。小肠分十二指肠、空肠、回肠。十二指肠的形状像“U”型，上接胃部，下接空肠。十二指肠的肠系膜上有呈弥漫脂肪状的胰脏，可分泌出含有胰蛋白酶、氨基肽酶、麦芽糖酶、淀粉酶和脂肪酶等多种酶的胰液，经胰导管进入十二指肠，参加消化活动。肝脏分泌胆汁，贮于胆囊中，通过胆管进入十二指肠，可以促进脂肪的分解。小肠壁上的肠腺，分泌肠液，含有氨基多肽酶，以及麦芽糖酶、乳糖酶。食物在小肠内经过胰液、胆汁、肠液三种消化液的消化，使蛋白质、淀粉、脂肪进一步分解。在小肠内吸收的营养物质，经淋巴和血液进入血液循环。在回肠末端盲肠入口处，有一圆小囊，其壁上有丰富的淋巴组织，有压榨纤维素、分泌碱性液，起中和盲肠中细菌产生酸性物质的作用。

5. 大肠

大肠可分为盲肠、结肠和直肠三个部分。盲肠在回肠和大肠的交界位置，不能消化的纤维就会直接被推进结肠再进入直肠，结肠和直肠会吸收食糜中的水分和无机盐，形成硬的粪球。而可以继续消化的物质，就会进入盲肠中作进一步分解。獭兔的盲肠非常之发达，长度与獭兔的身长相似，容量占整个消化道的一半。盲肠内有大量的微生物和有益菌，有助分解拥有厚细胞壁的植物细胞，把未完全消化的食糜发酵，转化成可以吸收的养分。进入盲肠的食糜大多是半液态。由于在盲肠中的食糜经过发酵后，就会立即排出，形成盲肠便。因此盲肠便都是比较稀软的。

由于獭兔通常是黄昏进食，因此他们大多会在晚间才排出盲肠便。盲肠便是湿湿软软的，由黏膜包围，带啡绿色，有时候会连起成串状，就像葡萄的样子，因此又称葡萄便。盲肠便相比一般粪便来说，含很高营养。因为盲肠便是需要再一次进入消化系统再吸收利用，所以獭兔会有吃盲肠便的行为。

二、消化特点

1. 獭兔对粗纤维的消化率高

獭兔消化道容积大、长而复杂，从粗饲料中可以摄取大量的营养物质，这主要是由于盲肠内大量微生物的发酵作用，使獭兔表现出对粗纤维较高的消化率。一般情况下，獭兔对粗纤维的消化率为65%～78%，仅次于牛羊（50%～90%），高于马（13%～40%）和猪（3%～25%）。

2. 獭兔对粗饲料中的蛋白质消化率也很高

獭兔能有效地利用饲草中的蛋白质。以苜蓿粉中蛋白质的消化率为例，獭兔的有效利用率约为75%，而猪低于50%。

3. 幼兔消化道是可渗透的

幼兔消化道在发生炎症时，消化道壁具有可渗透性，因此幼兔的消化道疾病症状较为严重，并常有中毒现象。

第二节　獭兔的生长发育规律

獭兔生长发育快，它在整个生命过程中的生长发育大体上可分3个阶段：即胎儿期、哺乳期和断奶后期。

一、胎儿期

从母兔怀孕（胚胎附植）到仔兔出生，这个时期的生长发育以怀孕后期最快。一般来说獭兔在妊娠期前2/3期中，胚胎绝对增长的速度缓慢，直到21天胎龄时所增长的重量仅为初生重的10.82%；在妊娠后1/3期中生长很快，约占初生重的89.18%。从第19天胎龄开始，胎儿重量大幅度增长。胎儿这一阶段的生长速度，不受性别的影响，但受怀仔数、母兔营养水平和胎儿在子宫内排列位置的影响。一般规律是：怀仔多，胎儿体重小；母兔营养水平低，胎儿发育慢；近卵巢端的胎儿比远离卵巢的胎儿重。

二、哺乳期

仔兔刚出生时，闭眼、无毛，各个系统的发育都很差，但出生后生长发育很快。4天后开始长出绒毛，12天左右开眼，开始有视觉。3周龄出窝开始吃饲料。仔兔在正常情况下，体重增长很快，1周龄时可增加1倍以上，4周龄时体重约为成年兔的12%，这个时期的生长发育主要受母乳的影响，与母兔体况、饲料种类和带仔

数的多少有关，而与仔兔性别无关。到 8 周龄时体重可以达到成熟体重的 40%，这个时期公仔兔的生长速度比母兔稍快些；而 8 周龄以后，大多数品种的母兔要比公兔生长的快些，公母兔的差异也明显地表现出来。

三、断奶后期

幼兔断奶后的增重速度，主要受遗传因素和环境因素（饲料、管理、自然条件等）的影响较大。一般规律是生长前期快，生长后期慢。但不同品种的生长速度是不相同的。德国花巨 90 日龄体重占成年体重的 45%；新西兰兔 90 日龄体重占成年体重的 55.8%。另外，性别虽有影响，但 8 周龄内并不明显，8 周龄后到 26 周龄明显地表现出来，公兔生长速度落后于母兔，所以，成年母兔体重大于公兔体重。

四、补偿生长效应

补偿生长效应是指獭兔由于早期营养不良或营养受限而导致的生长抑制，在后期补偿营养后使其生长恢复正常的现象。

合理利用补偿生长效应，可以提高饲料利用率，节约饲料，降低獭兔排泄物导致的环境污染，同时改善獭兔的生长性能。当獭兔的早期营养不良而使生长发育受阻时，断乳后应加强营养供应，使之生长尽快得到补偿。在獭兔商品育肥过程中，一般采取前促后控的措施。在 3 月龄前强化营养，促进生长；3 月龄之后，采取较低能量和蛋白质水平，但氨基酸日粮平衡，以控制其皮下脂肪的囤积，获得较好的皮张。而在传统的肉兔育肥中，则采取“先吊架子后填膘”的育肥方案。

五、体组织的生长发育规律

獭兔的骨骼、皮、肌肉和脂肪的生长发育同其他动物一样，也有一定的规律。一般来说，獭兔从出生到 3 月龄，骨骼为强烈生长时期，肌纤维也同时开始增长；它的体组织生长势为骨骼＞皮＞肌肉＞脂肪。5 月龄以后，脂肪开始大量沉积，其体组织生长势为骨骼＜皮＜肌肉＜脂肪。因此，在獭兔养殖过程中，应根据生产目的，合理地确定饲养时间。

第三节 影响獭兔生长发育的因素

影响獭兔毛皮质量的因素很多，主要有品种、营养与饲料、环境条件和疾病等因素。

一、品种

品种因素是决定毛皮品质的关键。如果种獭兔品种不纯、品种退化或体形变小，就会直接影响毛皮色泽，失去原有的色型特征，出现毛色混杂、绒毛稀疏、密度降低、平整度差、皮张面积小等现象，使獭兔毛皮质量达不到规定要求。按一般规律，獭兔体形大，毛皮面积就大，商品价值就高。因此，务必重视獭兔品种选育，对种獭兔进行提纯改良，精心选种。要严格淘汰不符合种獭兔标准的种兔，选育出优质的核心种獭兔群，以切实提高獭兔毛皮质量。

二、营养与饲料

营养与饲料对毛皮品质影响很大。若长期营养水平较低，会引起獭兔生长发育受阻、个体变小、皮张面积不符合等级。在营养因素中，日粮中能量和蛋白质是影响毛皮动物生长发育和毛皮品质的主要因素。据报道，当日粮中消化能每千克 10.88 兆焦、粗蛋白质 18.5%、粗纤维 12%时，獭兔生长速度较快而且毛皮质量较好。研究表明：低能量高蛋白质日粮（消化能每千克 10.97 兆焦、粗蛋白质 18.98%）和高能量高蛋白质日粮（消化能每千克 11.31 兆焦、粗蛋白质 19.36%）有利于獭兔被毛品质的提高；但饲料中蛋白质不足，尤其是含硫氨基酸的不足，会导致毛质退化，绒毛空疏，毛纤维强度下降，针毛明显增多。

此外，维生素和微量元素的缺乏，常会导致被毛退色、脆弱，甚至褪毛。生物素是重要的水溶性含硫维生素，广泛地参与机体的代谢；由于自然界生物素的浓度低且生物利用率有限，也会出现不足和缺乏，从而造成机体代谢功能的紊乱，导致獭兔生产性能的下降和抗病能力的削弱，并且导致毛皮质量下降。

铜是酪氨酸酶的组成成分，缺铜导致被毛褪色。毛的弯曲决定于毛蛋白质中的二硫基，而二硫基在角蛋白合成中决定于铜的存

在，铜缺乏则影响角蛋白合成过程中多肽链各种氨基酸的相互连接，因而使毛纤维发生异常变化，弯曲度减少，毛的张力和弹性减弱，降低纺织性能。日粮中添加一定比例的铜，对兔毛生长有促进作用，以添加剂量为每千克 50 毫克时作用显著；对皮板厚度的影响则是在添加量为每千克 10 毫克时显著，随着添加量增加，皮板厚度反而下降，表现出剂量效应。这可能与兔体内不同组织对铜的适用量不同有关。

三、环境条件

在獭兔的养殖过程中，环境条件也尤为重要，它包括温度、湿度、光照、通风、有害气体和噪音等方面内容。

1. 温度

温度过高过低均会影响獭兔的生长发育、生产性能和饲料报酬。獭兔的适宜温度一般为：初生仔兔 30～32℃，1～4 周龄兔 20～30℃，生长兔 15～25℃，成年兔 15～20℃。因此，修建獭兔舍时应根据当地气候特点，选择开放、半开放或室内笼养兔舍；同时注意兔舍的保温隔热，四周种植花草树木。夏季应采取室内安装降温通风设备或地面喷洒井水、降低饲养密度等降温措施。

2. 湿度

獭兔舍内相对湿度以 60%～70%为宜，一般不应低于 55%或高于 75%。湿度过大易引起疥癣、球虫病、湿疹等；湿度过小可引起呼吸道黏膜干燥，导致细菌、病毒感染发病。要加强通风，降低舍内饲养密度，及时清理粪尿和垫草，以降低舍内湿度。

3. 光照

一般认为繁殖兔每天光照 14～16 小时，光照强度每平方米不低于 4 瓦，有利于正常发情、妊娠和分娩。公兔每天光照应保持 12～14 小时，持续光照超过 16 小时，会影响精子的质量和数量。长毛兔的适宜光照时间为每天 15 小时，强度为每平方米 5 瓦；育肥兔以每天光照 8 小时为宜。生产中补充光照多采用白炽灯或日光灯，以白炽灯供光较好。普通兔舍多依靠自然供光，一般不需人工补充光照。

4. 通风

通风是调节獭兔舍温湿度最好的方法。通风还可以排除獭兔舍内的污浊气体、灰尘和过多的水分，能有效降低呼吸道疾病的发病率。獭兔舍内的通风一般在夏季控制在 0.4 米/秒，冬季控制在 0.1～0.2 米/秒；并有效防止贼风的侵袭，保持舍内空气新鲜。

5. 有害气体

獭兔舍内的兔粪尿和被污染的垫草等如未及时清理，通过发酵可产生大量氨气、硫化氢、二氧化碳等有害气体，可引起呼吸道和眼睛等病变。据报道，每立方米空气中氨的含量达 50 毫升时，可使獭兔呼吸频率减慢、流泪、鼻塞；达 100 毫升时，可使眼泪、鼻涕和流涎显著增多。獭兔舍内有害气体允许浓度为氨小于 30 毫升/米^3，硫化氢小于 10 毫升/米^3，二氧化碳小于 500 毫升/米^3。调节和控制舍内有害气体的关键措施可采取降低舍内饲养密度，增加清粪次数，减少饮水器泄漏，加强自然通风等。

6. 噪声

家兔胆小怕惊，突然的噪声易引起母兔流产、拒绝喂奶，或出现神经症状，引起碰撞致伤。因此，修建兔场时场址要选在远离公路、工矿企业之处；饲料加工车间应远离生产区；选用换气扇，噪声要小；饲养人员日常操作动作要轻稳；母兔怀孕后期尽量不用汽（煤）油喷灯消毒；禁止在兔舍周围燃放鞭炮。

四、疾病

如果笼舍潮湿、卫生条件差、兔体不清洁等，轻者会使獭兔皮毛脏乱，重者会导致各种疾病。疾病的发生不仅对獭兔健康和生长发育不利，还会影响毛皮的品质。有些疾病甚至会直接造成皮肤、被毛损伤而降低毛皮质量，如疥癣病、兔虱、螨虫、皮肤霉菌病、皮下脓肿等，会使獭兔毛皮不平或皮层溃烂成洞，斑痕累累；病瘦獭兔的皮质较薄弱而枯燥，皮板粗糙、松软、韧性差，皮毛焦燥，缺乏光泽，失去了制裘皮价值。

第五章　獭兔的营养与饲料

獭兔为草食性动物，日常的饲料以草料为主。但由于草料中的营养成分含量不能满足高质量獭兔产品的需要，不足部分必须由精料来补充。这就需要了解獭兔的营养与饲料。

第一节　獭兔的营养需求

营养需要是指在理想状态下，能够满足獭兔正常生长发育所需要的养分，它包括能量、蛋白质、脂肪、粗纤维、维生素、矿物质和水分等。

一、獭兔对能量的需要

能量是獭兔赖以生存和生产的物质基础，獭兔必须不断地从外界获取营养物质，补充热能，才能维持正常的生命活动，并为人类生产肉、骨、皮及毛等畜产品。獭兔在生长中每增重 1 克大约需要 0.5 大卡的消化能，每增重 1 克脂肪需要 19.4 大卡消化能。为维持 40 克的日增重量（一般讲），在每天采食量 130 克的情况下，每千克生长兔的日粮应含有 3000 大卡消化能。如果缺乏能量，将会造成獭兔生长缓慢，机体组织受损，毛、皮、肉等生产力下降。因此，了解獭兔生长、妊娠、泌乳、产毛等生理活动对能量的准确需要显得相当重要。

二、獭兔对蛋白质的需要

蛋白质是由氨基酸组成的，是獭兔维持正常生命活动最基本的物质。它缺乏时，可使獭兔体重下降、生长受阻、皮毛质量降低。母兔发情不正常、受胎率下降、胎儿发育不良、仔兔生命力差，个别还会产生怪胎、死胎现象。公兔精液品质差、精子数量减少。但蛋白质过量，不仅造成饲料浪费，还会引起消化功能紊乱，生产力下降。因此，在獭兔实际生产过程中，既要保持氨基酸的基本平衡，又要注意多种饲料的合理搭配，确保獭兔日粮的稳定平衡。

在一般情况下，獭兔对蛋白质最适宜的需要量为：生长兔、哺

乳母兔每千克风干日粮中含粗蛋白质16%～18%，生产兔、妊娠母兔每千克风干日粮中含粗蛋白质14%～16%。

三、獭兔对脂肪的需要

脂肪对獭兔具有营养功能，它能够贮存和供给能量、构成体组织，促进脂溶性维生素的吸收等，在兔乳乳脂、兔毛油脂、兔肉脂蛋白中均含有一定量的脂肪。因此，脂肪的供给量必须满足以上要求。一般认为，獭兔日粮中粗脂肪的含量达到3%～5%即可。

四、獭兔对粗纤维的需要

獭兔具有发达的盲肠，又有食粪的习惯，因此，不少人认为獭兔对饲料中粗纤维的消化率较高。事实并非如此，獭兔对粗纤维的消化能力只是一般水平。但适量的粗纤维对獭兔的消化过程作用重大，它能有效保持消化物的黏度，加快消化运转，使之最终形成硬粪而排出体外。成年獭兔粗纤维供给量过少，可使胃肠蠕动减缓，食物滞留消化道时间过长，而造成结肠内压升高，近端结肠膨大部扩大，从而引起消化功能紊乱，采食量下降，继而出现消化道疾病。但日粮中粗纤维含量过高，使肠蠕动过速，日粮通过消化道速度加快，吸收营养能力降低。经研究：獭兔日粮中适宜的粗纤维含量为12%～14%。幼兔可适当降低，但不得低于8%；成兔可适当高些，但不得高于20%。

五、獭兔对矿物质和维生素的需要

獭兔在生长发育过程中，必须供给一定量的矿物质和维生素，才能保证其生产性能正常，其需要量多数可从饲料中获得，但有时也要调整其比例，根据情况及时添加。

1. 钙和磷

钙和磷不足或比例不当时，可引起獭兔软骨病、骨质疏松症，公兔性欲低下、精液品质不良，母兔受胎率低、化胎多、胎儿畸形等病症。钙磷一般比例以2∶1为宜，钙的不足可用饲料碳酸钙补充，日粮中钙稍高不必调整，因獭兔对高钙有强的耐受能力。

2. 氯和钠

氯和钠（盐的组成成分）不足可引起獭兔缺水，生长缓慢，母

兔泌乳减少，被毛粗糙。一般 1 只成年獭兔每天需 1 克左右的食盐，可在饲料中添加 0.5%的食盐满足其生理需要，如食盐过多或调不均匀，可引起食盐中毒。

3. 铁、铜、钴

铁是形成血红素的原料，铜可促进血红素的合成，还参与毛的合成。因此铁和铜不足时獭兔会出现贫血症、消瘦、被毛粗糙、母兔怀孕率低，一般来说不必添加，但由于一些地区土壤中缺乏铁、铜时，不能从饲料中获取，需要补充。而钴可参与獭兔消化道中微生物合成维生素 B_{12}，其一般可从饲料中获取。

4. 维生素

獭兔对维生素需量要求高，如维生素 A 不足使母兔发情异常、受胎率低、化胎多、流产多，仔兔病弱、死亡多及公兔性欲降低、精液品质不良等，但只要喂给足量青绿饲料即可满足需要，冬季时每天要供给种母兔、种公兔 50～100 克胡萝卜可保证其对维生素 K 的需要；维生素 E 不足可造成胚胎死亡和吸收；维生素 K 不足会引起流产；维生素 B 能在獭兔的体内合成不必添加。

5. 獭兔配合料中矿物质及维生素的含量

以每千克饲料重量数计算依次为：钙、钾各 1%，磷 0.5%，钠 0.5%～0.7%，镁 300 毫克，铜 10 毫克，铁、锌各为 50 毫克，锰 30 毫克，维生素 A 8000 国际单位，维生素 D 800 国际单位，维生素 E 40 毫克，维生素 K 2 毫克，胆碱 1500 毫克，烟酸 50 毫克、维生素 B_6 300 毫克。

六、獭兔对水分的需要

水是獭兔赖以生存的重要物质，约占獭兔体重的 70%，是调节体温、消化、吸收营养物质，排出体内废物不可缺少的物质。水作为关节、肌肉和体腔的润滑剂，对组织器官具有保护作用。生长獭兔的日常需水量为 0.25～0.28 升，妊娠后母兔为 0.5～0.55 升，哺乳母兔约为 0.6 升。

当獭兔体内缺水时，獭兔表现食欲下降，消化作用减弱，生长变慢，抗病能力下降；时间稍长，就会导致血液黏稠，引起代谢紊乱。当体内缺水达 5%时，獭兔表现严重口渴；缺水达 10%时，出现病态；缺水达20%时，可引起动物死亡。

第二节 獭兔日粮的营养标准

日粮是指每只獭兔一昼夜所采食的各种饲料量。根据每种饲料的营养物质含量和獭兔对各种营养物质的需要量，可根据营养标准，通过精确的计算而配制的全价配合饲料过程为日粮配合。所以确定獭兔的饲养标准相当重要。

在獭兔的饲养生产过程中，为了维持獭兔的健康、充分发挥它的生产性能和繁殖能力，减少饲料浪费、降低饲养成本，根据獭兔不同年龄、体重、生理特点和生产过程所制定的每日獭兔所需的各种营养物质的数量，即为獭兔的饲养标准。目前国家还没有统一的獭兔饲养标准，笔者结合自己多年的研究成果，参考国内外大量的研究资料，制定了獭兔日粮营养推荐标准，经过近几年的使用，效果良好。獭兔全营养日粮标准营养成分推荐量见表5-1。

表5-1 獭兔全营养日粮标准营养成分推荐量

项　目	1～3月龄生长獭兔	4月～出栏商品獭兔	哺乳獭兔	妊娠獭兔	维持獭兔
消化能/(兆焦/千克)	10.46	9～10.5	10.46	9～10.5	9.0
粗脂肪/%	3	3	3	3	3
粗纤维/%	12～14	13～15	12～14	14～16	15～18
粗蛋白/%	16～17	15～16	17～18	15	13
赖氨酸/%	0.80	0.65	0.90	0.60	0.40
含硫氨基酸/%	0.60	0.60	0.60	0.50	0.40
钙/%	0.85	0.65	1.10	0.80	0.40
磷/%	0.40	0.35	0.70	0.45	0.30
食盐/%	0.3～0.5	0.3～0.5	0.3～0.5	0.3～0.5	0.3～0.5
铁/(毫克/千克)	70	50	100	50	50
铜/(毫克/千克)	20	10	20	10	5
锌/(毫克/千克)	70	70	70	70	25
锰/(毫克/千克)	10	4	10	4	2.5
钴/(毫克/千克)	0.15	0.10	0.15	0.10	0.10
碘/(毫克/千克)	0.20	0.20	0.20	0.20	0.20
硒/(毫克/千克)	0.25	0.20	0.20	0.20	0.10
维生素A/国际单位	10000	80000	12000	12000	5000
维生素D/国际单位	900	900	900	900	900

续表

项　目	1～3月龄生长獭兔	4月～出栏商品獭兔	哺乳獭兔	妊娠獭兔	维持獭兔
维生素E/(毫克/千克)	50	50	50	50	50
维生素K/(毫克/千克)	2	2	2	2	2
维生素 B_{12}/(毫克/千克)	0.02	0.01	0.02	0.01	0
硫胺素/(毫克/千克)	2	0	2	0	0
核黄素/(毫克/千克)	6	0	6	0	0
泛酸/(毫克/千克)	50	20	50	20	0
吡哆醇/(毫克/千克)	2	2	2	0	0
烟酸/(毫克/千克)	50	50	50	50	0
胆碱/(毫克/千克)	1000	1000	1000	1000	0
生物素/(毫克/千克)	0.2	0.2	0.2	0.2	0

由于各地饲料种类不同和地区的营养差异，所以在应用国外饲养标准时，应灵活掌握，要因地制宜。

第三节　獭兔饲料的种类及营养

獭兔经常食用的饲料品种很多，但总的来讲可按其营养特性分为能量饲料、蛋白质饲料、粗饲料、青绿多汁饲料、维生素饲料和饲料添加剂等。

一、能量饲料

凡干物质中粗纤维含量在18%以下，粗蛋白含量在20%以下，每千克含消化能10.46兆焦以上的饲料均称为能量饲料。它包括：谷物类饲料、糠麸类饲料、块根块茎类饲料、瓜果类和其他副产品等。能量饲料含有较高的可消化能，可用来满足獭兔的生长发育、产毛、繁育和泌乳的能量需要，是配合饲料的主要成分。

(一) 谷物类饲料

谷物类饲料是禾本科植物的成熟种子，它包括玉米、小麦、大麦、稻谷和高粱等。这类饲料适口性好，消化能含量及消化利用率较高。不足之处就是蛋白质含量低，赖氨酸、蛋氨酸和色氨酸含量也很低。

1. 玉米

玉米是獭兔最常用的饲料，是谷类籽实饲料中能量含量较高的原料之一。玉米的蛋白质含量偏低，一般平均含粗蛋白为8.6%，比其他谷物（除稻谷外）都低，蛋白质氨基酸也不平衡，赖氨酸和色氨酸含量非常低。玉米和豆粕搭配后，可在一定程度上弥补玉米氨基酸的不平衡。

2. 小麦

小麦的能量含量稍低于玉米，蛋白质含量和质量高于玉米，赖氨酸含量较高，但苏氨酸含量较低；粗纤维含量高于玉米，粗脂肪含量低于玉米。

3. 大麦

大麦主产于长江流域，是含蛋白较多、能量中等的饲料。籽粒中的蛋白质和脂肪酸质量优良，但缺乏赖氨酸和胡萝卜素，而且皮厚，粗纤维含量较多。因此，大麦是饲喂獭兔的好饲料。

4. 稻谷

稻谷的主要成分是碳水化合物，约占稻谷的65%，其中最多的是淀粉。稻壳占稻谷总重量的18%～20%，其中粗纤维含量达50%左右。所以，稻谷的能量含量较低，基本上与大麦相近，但外壳分离后能量含量高。

5. 高粱

高粱含有丰富的营养成分，籽粒中干物质占总量的85.6%～89.2%，其中淀粉含量65.9%～77.4%，蛋白质含量8.26%～14.45%，粗脂肪2.39%～5.47%。每100克高粱米释放的热量为360千焦耳，仅次于玉米（362千焦耳），高于其他禾谷类作物。但高粱籽粒中含有单宁酸，适口性差，在饲料中只能少量添加。

（二）糠麸类饲料

糠麸类饲料是谷物加工的副产品。这类饲料与谷实类相比粗纤维含量高、淀粉少，因此能量低，蛋白质含量高，矿物质中钙低磷高，B族维生素多，它们是獭兔重要的饲料原料之一。目前，獭兔常用的糠麸类饲料有米糠、麦麸、次粉和高粱糠等。

1. 米糠、脱脂米糠

米糠（生糠或米皮糠）是糙米精制的副产品，它的粗蛋白质含

量为12.5%，粗脂肪14%，无氮浸出物40%，粗纤维11%，粗灰分12%。由于米糠能量高，不易贮存，且使用过量有轻泻作用，故在日粮中用量较少。脱脂米糠是从米糠提取油后的饼粕，粗蛋白质含量14%，粗脂肪1%，无氮浸出物45%，粗纤维14%，粗灰分16%。与米糠相比，其脂肪含量少，不易腐败变质，粗蛋白质和其他成分含量相对高。所以，日粮中的使用量可适当增加。

2. 麦麸和次粉

小麦加工所得的副产品。一般有大麸皮、小麸皮、次粉和胚芽粉四种。其中有用次粉与小麸皮相混合称混麸。混麸的粗蛋白质含量为15.7%，粗纤维10%左右，能量低，钙少磷多，使用时要注意钙的补充。麦麸也有轻泻作用，但质地疏松，适口性好。

3. 高粱糠

高粱糠是糙米精制的副产品，高粱糠中粗蛋白质含量达10%左右，在鲜高粱酒糟中为9.3%，在鲜高粱醋渣中是8.5%左右。而高粱糠实际生产中使用量很少。

（三）块根块茎类饲料

块根块茎类饲料干物质中含较多的淀粉和糖，能量高，矿物质中钙和磷都少，如果日粮中大量使用此类饲料，要注意补钙。獭兔常用的块根块茎类饲料有甘薯、土豆、胡萝卜、饲用甜菜和南瓜等。

1. 甘薯

红薯，又称甘薯、番薯、山芋等。红薯淀粉含量高，粗纤维、矿物质钙含量低，赖氨酸含量高。因此，以甘薯为主要饲料的地区应注意蛋白质、维生素和矿物质的补充。

2. 土豆

北方地区栽种土豆比较多。新鲜土豆含水80%左右，干物质中含淀粉70%，所以消化能高。土豆幼芽含有龙葵碱，有毒，喂前应将芽除掉。土豆宜煮熟后饲喂，煮熟后的淀粉易消化。

3. 胡萝卜

胡萝卜含有丰富的维生素，是冬春季节维生素的重要来源。胡萝卜含有蔗糖和果糖，适口性好，能调解饲粮的口味。此外，胡萝卜具有促进机体正常生长与繁殖、维持上皮组织生长、防止呼吸道感染与保持视力正常、治疗夜盲症和眼干燥症等功能。

4. 饲用甜菜

饲用甜菜中蛋白质含量为8%～10%，含糖55%～65%，能量较高，獭兔饲喂新鲜甜菜容易发生腹泻，应存放一段时间后再喂。甜菜钙、镁含量也很高，而且比例合适，是构成獭兔骨骼的主要成分。此外，甜菜还含有丰富的硼，硼可以帮助机体很好地利用钙，因此獭兔常吃甜菜对骨骼健康非常有利。

5. 南瓜

南瓜含有丰富的糖类和淀粉，其蛋白质和脂肪含量较低，并富含多种维生素和矿物质元素，类胡萝卜素在机体内可转化成具有重要生理功能的维生素A，从而对上皮组织的生长分化、维持正常视觉、促进骨骼的发育具有重要作用。

（四）其他副产品

为了开发饲料资源，獭兔的能量饲料也可以使用甜菜渣、糖蜜等制糖过程中的副产品。

二、蛋白质饲料

蛋白质饲料是指干物质中粗蛋白含量达到或超过20%、粗纤维含量低于18%的饲料，又分为植物性蛋白质饲料和动物性蛋白质饲料。植物性蛋白质饲料以各种油料籽实榨油后的饼粕为主（主要有大豆、棉籽、花生、菜籽等饼粕）；动物性蛋白质饲料包括鱼粉、羽毛粉，蚕蛹粕（粉）等。

（一）植物性蛋白质饲料

植物性蛋白质饲料主要包括豆科籽实、饼粕类和某些加工副产品。其中豆科籽实仅少量用作饲料使用，大部分是作为食品；饼粕类饲料是动物最主要的蛋白质饲料资源；常用的加工副产品主要有糟渣类和玉米蛋白粉等。

1. 豆科籽实

主要包括大豆、黑豆、豌豆等，它们除了作为食品外，仅有少量用作饲料。因为生大豆中含有一些抗营养因子，影响獭兔的适口

性和消化率。因此，生大豆不能直接饲喂獭兔。这些抗营养因子可通过加热方法除去。大豆在膨化、炒熟或煮熟时，高温可破坏抗胰蛋白酶。所以，大豆应熟化后饲喂。

2. 饼粕类饲料

饼粕类饲料是指含油多的籽实脱油后的副产品，主要包括豆饼（粕）、棉籽饼（粕）、菜籽饼（粕）、花生饼（粕）、玉米饼（粕）等。

（1）大豆饼（粕） 大豆饼（粕）是我国主要的植物性蛋白质饲料来源，也是所有饼粕中品质最好的饲料。豆粕呈片状或粉状，有豆香味。纯豆粕呈不规则碎片状，浅黄色到淡褐色，色泽一致，偶有少量结块。闻有豆粕固有豆香味。颜色金黄、颗粒均匀、有豆香气味的是好豆粕。反之，颜色灰暗、颗粒不均、有霉变气味的，属于劣质豆粕。

大豆饼（粕）的粗纤维含量较低，在5%左右。蛋白质含量高达40%～45%，大豆饼（粕）的蛋白质品质较好，赖氨酸含量2.5%～2.9%，高于其他饼粕类饲料。大豆饼（粕）的代谢能较高，达9.2～11.0兆焦/千克，在饼、粕类饲料中仅次于花生仁饼（粕）。其缺点是蛋氨酸含量相对较低，特别是与赖氨酸含量相比。含磷量虽较高，但半数以上为植酸磷，利用率较低。B族维生素含量丰富，但缺乏胡萝卜素。

（2）棉仁饼（粕） 棉籽脱壳后经压榨或浸提脱油后的产品即为棉仁饼或粕。棉仁饼（粕）的粗纤维含量一般在12%左右，粗蛋白质含量40%～46%，赖氨酸含量1.89%～2.29%，赖氨酸含量低，蛋白质品质较差，B族维生素含量较豆粕低，缺乏维生素A、维生素D。

（3）花生仁饼（粕） 花生粕为淡褐色或深褐色，有淡淡的花生香味。性状为块状或粉状。花生仁饼（粕）的代谢能水平很高，可12.6兆焦/千克，是饼、粕类饲料中最高的。粗蛋白质含量44%～45%，但其品质不及大豆饼（粕）。赖氨酸含量1.3%～1.5%，仅为豆饼粕的一半左右，但其氨基酸的利用率较棉籽饼（粕）高。花生饼（粕）的另外一个特点是适口性好。

花生仁饼（粕）在贮存过程中，极易染上黄曲霉菌，动物黄曲霉毒素中毒后，肝脏、肾脏肥大、充血，甚至死亡。花生饼（粕）感染黄曲霉后难以除去，故在贮存和使用时应加以注意。

(4) 菜籽饼（粕） 菜籽饼（粕）是菜籽脱油后的产品。颜色因品种而异，有黑褐色、黑红色或黄褐色，小碎片状，具有淡淡的菜籽压榨后特有的味道。菜籽饼（粕）的蛋白质含量中等，粗蛋白质含量 35%～39%，粗纤维水平在 12%左右，赖氨酸含量 1.24%～1.32%，微量元素硒含量丰富。其氨基酸构成的特点是赖氨酸含量低，而蛋氨酸＋胱氨酸的含量高，精氨酸含量很低，适合与精氨酸含量高的蛋白质饲料搭配使用，如与棉籽粕或花生粕搭配使用，效果较好。但菜籽饼（粕）适口性较差。

（二）动物蛋白质饲料

都是动物的直接或间接产品，如鱼粉、羽毛粉、蚕蛹粉等。这类饲料的营养特点是：第一，蛋白含量高，除乳制品和肉骨粉蛋白含量为 27.8%～30.1%外，其他都在 50%以上，而且品质大多都特别好，富含各种必需氨基酸，特别是植物性饲料缺乏的赖氨酸、蛋氨酸和色氨酸都比较多。第二，这类饲料含无氮浸出物特别少(乳制品除外)，粗纤维几乎等于零，有些脂肪含量高，加之蛋白含量又高，所以它们的能值高。第三，灰分含量高，钙磷丰富，且比例良好，利于饲养动物的吸收利用，同时动物性蛋白饲料还含有丰富的维生素，特别是维生素 B_2 和 B_{12}。此外，这类饲料还有一种特殊的营养作用，即含有一种未知的生长因子，它能促进动物提高营养物质的利用率，不同程度地刺激生长和繁殖，是其他营养物质所不能代替的。

1. 鱼粉

鱼粉蛋白质水平在 55%～60%，它的氨基酸含量高、分配平衡，适合与植物性蛋白质饲料搭配使用。鱼粉中各种维生素含量均较丰富，尤以脂溶性维生素含量丰富，维生素 B_{12} 含量很高。此外，钙含量 3.5%～5.0%，磷含量 2.5%～3.4%，含硒量较高，锌含量亦较丰富。鱼粉中的蛋白质营养价值较高，饲养效果较好。鱼粉含有一定量的盐分，含盐量通常在 1%～4%。

2. 羽毛粉

羽毛粉是由屠宰家禽后清洁而未腐败的羽毛经蒸汽高压水解后

的产品。水解羽毛粉的蛋白质含量一般在81%～83%，但蛋白质品质较差，蛋氨酸、赖氨酸与色氨酸含量较低，精氨酸与胱氨酸含量较高。除蒸汽高温高压水解法外，还有化学法、生物法与复合处理法，这些方法均可明显提高羽毛粉的消化率。羽毛粉可代替约2.5%豆饼中的蛋白质，羽毛粉和骨粉、杂碎粉混用，可代替5%的大豆蛋白质，饲养效果更为显著。

三、粗饲料

粗饲料是指饲料干物质中粗纤维含量在18%以上的饲料。粗饲料有以下几个特点：①粗纤维含量很高，在30%～50%。②粗蛋白质含量低，在3%～4%。③维生素含量低，只有3～4毫克/千克。④无氮浸出物含量高，在20%～40%。⑤含钙高，含磷低。总而言之，粗饲料的特点是体积大，质地较粗硬，难消化，可利用的养分较少。但是，粗饲料的来源广，种类多且价格低。獭兔常使用的粗饲料有植物秸秆、干草、树叶等。

四、青绿多汁饲料

青绿多汁饲料是指含水量超过60%的植物性秸秆、块根块茎、饲草、子叶及各种叶菜类饲料。青绿多汁饲料具有产量高、质地柔软松脆、适口性好、容易消化、营养价值较高等优点。它种类繁多，名称不一，简称“青料”，通常分为三大类。

1. 青刈饲料

青刈饲料指玉米、麦类、豆类等农作物和饲料作物在结实前或籽粒未成熟前收割的饲料原料。这类饲料不但维生素和碳水化合物丰富，而且适口性也好，是獭兔非常喜欢的青绿多汁饲料。目前，我国獭兔常使用的青刈饲料有：牧草，作物的茎、叶，藤蔓，树叶，水生作物和各种野草、野菜等。但要注意刈割时间。

2. 块根块茎及部分多汁果实

各种块根、块茎、瓜类、水果类等，如胡萝卜、南瓜、苹果等。

3. 叶菜类饲料

主要包括天然牧草、栽培牧草、田间杂草、菜叶类、水生植物、嫩枝树叶等。使用叶菜类饲料饲喂獭兔一般采取鲜喂或半干喂。

五、矿物质饲料

矿物质饲料一般在獭兔的日粮中用量较少，但对獭兔的正常生长、繁育作用很大，是獭兔日粮中不可缺少的物质。常用的矿物质饲料有食盐、贝壳粉、脱脂骨粉、磷酸钙类、铁、铜、锌、锰、硒、碘等。

1. 食盐

食盐用量一般为日粮的0.3%～0.4%，食盐用量过高会抑制生长。

2. 钙、磷

钙、磷两种元素是构成骨骼和牙齿的主要成分。如果缺乏会引起獭兔骨薄、骨质多孔、质脆等现象。幼兔体内缺乏钙、磷时会出现生长停滞，消化机能衰退，易出现软骨病和瘫痪病。公兔体内缺乏钙、磷时会妨碍精液形成，性机能下降；怀孕和哺乳母兔缺乏钙、磷时，不但影响胎儿和仔兔的正常生长发育，而且母兔还易瘫痪。为此，正在生长阶段的獭兔和生产母兔要特别注意钙、磷的补充。

钙、磷广泛存在于青饲料和动物性饲料中，如植物秸秆、豆科子叶、鱼粉、贝壳粉、蛋壳粉和骨粉等都是补充钙、磷的好饲料，另外，碳酸类矿物质也是獭兔的良好补充饲料。

3. 微量元素

是属于矿物质一类的元素，虽然动物对它的需要量微小，但对机体起着比较重要的作用。常使用的微量元素有铁、铜、钴、硫、锌、碘、锰等十多种。

（1）铁、铜、钴　这三种元素都是造血不可缺少的元素，虽然它们在獭兔体内的含量极少，但在生理机能中的作用都非常重要。

① 铁是血红蛋白、肌红蛋白以及各种氧化酶的组成物。它与血液中氧的运输、细胞内的生物氧化过程有着密切的关系。

② 铜虽然不是血红素的组成物，但它与造血和骨骼的正常发育有关，也是机体内各种酶的组成物和消化剂，所以在饲料中加1%的铜有促进幼兔生长的作用。

③ 钴是维生素 B_{12} 的组成物，缺乏时可影响铁的代谢。饲料中

钴的含量不足时，可添加氯化钴或硫酸钴。

（2）硫和钴　是组成胱氨酸与蛋氨酸的原料，兔毛中约含有硫和钴，大部分是以胱氨酸的形式存在，所以在饲料中增加硫和钴有促进兔毛生长的作用。

（3）碘和锌　碘是甲状腺和甲状腺素的组成物，是调节獭兔生长繁殖、泌乳不可缺少的元素。锌是构成碳酸分解酶的金属元素，在红细胞、胃黏膜和肾的皮质中这种酶的含量最多，它起着催化獭兔体碳酸的合成和水分解的作用。

六、维生素类饲料

维生素是獭兔新陈代谢活动不可缺少的物质，当某种维生素不能满足獭兔的需要时，就会影响生理上的正常代谢，造成食欲减退、生长停滞、生产力下降、抗病力减弱，严重时还会引起死亡。獭兔对各种维生素的需要量虽少，但它可以直接或间接参与酶的活动，而大多数维生素都不能在獭兔体内合成。所以必须由饲料中经常得到补充。

1. 维生素A

在青饲料和多汁饲料中含有一种胡萝卜素，该素进入动物体内后转化为维生素A。维生素A的主要作用是促进獭兔体生长发育，增强抵抗力，提高公獭兔精子的密度和活力，以及保证眼睛正常功能。

2. 维生素B族

包括生物化学物质各不相同的11种维生素。在实践中意义较大的有下列几种。

（1）硫胺素（维生素B_1）　在干酵母中含量丰富，谷物的外皮、胚、蔬菜和水果中都含有维生素B_1。

（2）核黄素（维生素B_2）　是参与体内氧化还原反应的多种酶的组成部分，对主要营养物质的代谢有重要作用。缺乏时食欲变差、皮毛粗糙、生长不良，并能影响繁殖与泌乳。植物性青饲料与动物性饲料中含量较多。

（3）泛酸　是维生素B_3的通称，是辅酶A的组成成分，在物质代谢中起着重要作用。饲料添加剂中多使用泛酸钙。

(4) 胆碱（维生素 B_4） 为磷脂成分，参与脂肪代谢，能防止肝脏脂肪积累。胆碱和蛋氨酸的甲基可以互换。饲料中供给足够量的胆碱，可减少动物对蛋氨酸的需要量。因此，当獭兔饲喂植物性饲料以及低蛋白高脂肪日粮时，需要注意供给胆碱。一切天然饲料的油脂中均含有胆碱。

(5) 烟酸（维生素 B_5） 也称烟酰胺或尼克酰胺，为体内某些酶的成分，参与细胞的呼吸和代谢。缺乏时生长差、消瘦、下痢、被毛粗糙，烟酸可在体内由色氨酸合成，并广泛分布在各种饲料中，谷实类饲料虽含量较多，但呈结合状态，不易为动物利用。

(6) 叶酸（维生素 B_{11}） 是蝶酸和谷氨酸结合而成的。维生素 B_{11} 参与蛋白质和核酸的代谢，可与维生素 B_{12} 和维生素 C 共同促进红细胞、血红蛋白和抗体的形成。

3. 维生素 D

缺乏维生素 D 时，影响钙磷的吸收。幼兔缺乏维生素 D 会引起软骨病。生产母兔缺乏时会引起瘫痪。经常晒太阳可使獭兔皮肤内的麦角固醇转化为维生素 D。维生素 D 广泛存在于苜蓿、干草、秸秆和豆科子叶中。

在舍饲情况下，因为缺少阳光照射，所以饲料中需添加维生素 D。

4. 维生素 E

又称生育醇。当饲料中缺乏维生素 E 时，可使母獭兔的受胎率降低、怀孕母兔胚胎死亡或消失，使公獭兔精子形成停滞。维生素 E 广泛存在于苜蓿、玉米、小麦和米糠中。

5. 维生素 K

植物的子叶中含有大量的维生素 K，消化道微生物也可以合成维生素 K。獭兔通过自食软粪，也能很好地吸收维生素 K，所以，獭兔饲料中一般不添加维生素 K；但在使用磺胺类药物和抗生素时、球虫病感染期、手术前后、妊娠期或分娩前期一般需添加维生素 K。

第六章 对獭兔饲料原料的加工调制

为了便于采食和提高饲料的适口性，獭兔养殖者常常对饲料原料进行加工调制，调制后的饲料消化率和生产性能明显提高。既便于贮藏，又便于运输。目前，养殖户对饲料原料的加工调制方法包括青绿多汁饲料的加工调制、粗饲料的加工调制、能量饲料的加工调制、蛋白饲料的加工调制、饲料添加剂的调制和獭兔颗粒饲料的加工调制等几种方式。

第一节 对青绿多汁饲料的加工调制

青绿多汁饲料是獭兔最喜爱的日粮之一，多以青绿或干制后直接补饲，或与精料混合使用。目前，养殖户对青绿多汁饲料处理方式有 3 种：即时加工调制、干制和青贮。

一、即时加工调制

就是将及时采购的青绿多汁饲料做进一步加工处理，制成便于獭兔采食的规格。主要方法有及时切短或刨丝切片。

1. 及时切短

为了便于獭兔的采食，对于适口性好的牧草（包括青草）、蔬菜（包括野菜）、高营养植物秸秆可采取切短鲜喂。对于含水分过大，应稍阴干后铡短再喂。一般情况下，切短以 1～2 厘米为宜（禁止使用患黑斑病的甘薯和发芽的马铃薯饲喂獭兔）。

2. 刨丝切片

胡萝卜、大萝卜、甜菜、甘薯等块根块茎饲料，由于个体大，不利于獭兔采食，应刨丝切片混在饲料里或制成颗粒一起喂。而马铃薯应煮熟后饲喂。

二、干制

青绿饲料因含水分高，不宜贮藏或运输，必须制成青干草（秸

秆）或草粉，才能长期保存。草粉的营养价值取决于制作原料的种类、生长阶段和调制技术。一般豆科干草含较多的粗蛋白，有效能值在豆科、禾本科和禾谷类作物与干草间，无显著差别。在调制过程中，时间越短养分损失越小。在干燥条件下晒制的干草，养分损失通常不超过20%，在阴雨季节制的干草，养分损失可达15%以上，大部分可溶性养分和维生素损失。在人工条件下调制的干草，养分损失仅5%～10%，所含胡萝卜素多，为晒制的3～5倍。

三、青贮

青贮就是将新鲜的植物性饲草（野生或人工栽培牧草）或饲料作物（玉米、高粱等）调制成含水量65%～70%的青贮饲料和含水量45%～55%的半干青贮饲料。青贮饲料能有效保存青绿植物的营养成分，是既经济又安全的饲草贮藏方法。一般而言，青绿植物在成熟和晒干之后，营养价值降低30%～50%，而青贮后可保存青绿饲料中90%左右的营养物质，并可长期保持饲料良好品质。

第二节　粗饲料的加工调制

粗饲料质地坚硬，含纤维素多，其中木质素比例大，适口性差，利用率低，通过加工调制可使这些性状得到改善。

一、物理处理

就是利用机械、水、热力等物理作用，改变粗饲料的物理性状，提高利用率。

1. 切短

使之有利于獭兔咀嚼，且容易与其他饲料配合使用。

2. 浸泡

即在100千克温水中加入5千克食盐，将切短的秸秆分批在桶中浸泡，24小时后取出，因而软化秸秆，提高秸秆的适口性，便于采食。

3. 蒸煮

将切短的秸秆于锅内蒸煮1小时，焖2～3小时即可。这样可

软化纤维素，增加适口性。

4. 热喷

将秸秆、荚壳等粗饲料置于饲料热喷机内，用高温、高压蒸气处理1～5分钟后，立即放在常压下使之膨化。热喷后的粗饲料结构疏松，适口性好。獭兔的采食量和消化率均能提高。

二、化学处理

就是用酸、碱等化学试剂处理秸秆等粗饲料，分解其中难以消化的部分，以提高秸秆的营养价值。

1. 氢氧化钠处理

氢氧化钠可使秸秆结构疏松，并可溶解部分难消化物质，而提高秸秆中有机物质的消化率。最简单的方法是将2%的氢氧化钠溶液均匀喷洒在秸秆上，经24小时洗净即可。

2. 石灰液钙化处理

石灰液具有同氢氧化钠类似的作用，而且可以补充钙质，更主要的是该方法简便、成本低。其方法是每100千克秸秆用1千克石灰，1～1.5千克食盐，加水200～250千克搅匀配好，把切碎的秸秆浸泡5～10分钟，然后捞出放在浸泡池的垫板上，熟化24～36小时后即可饲喂。

3. 碱酸处理

把切碎的秸秆放入1%的氢氧化钠溶液中，浸泡好后，捞出压实，过12～24小时再放入3%的盐酸中浸泡。捞出后把溶液排净即可饲喂。

4. 氨化处理

用氨或氨类化合物处理秸秆等粗饲料，可软化植物纤维，提高粗纤维的消化率，增加粗饲料中的含氮量，改善粗饲料的营养价值。

第三节　能量饲料的加工调制

饲用农作物秸秆、果实及其副产品是獭兔日粮中的重要成分，直接饲喂会严重导致部分营养流失或降低利用效果。所以，这类饲料也需要加工调制。

一、植物籽粒的粉碎与挤压

这是最简单、最常用的一种加工方法。经粉碎后的籽实便于咀嚼，增加饲料与消化液的接触面，使消化作用进行比较完全，从而提高饲料的消化率和利用率。玉米颗粒大而坚硬，不利于獭兔采食，可采取压扁改变玉米形态或粗粉碎饲喂。大麦、小麦、稻谷、燕麦、高粱等可颗粒或粗粉碎饲喂。一般认为，谷物饲料均压扁或粉碎后再喂，粉碎度控制在1～2毫米之间，效果良好，如果粉碎度低于1～2毫米容易引起獭兔腹泻。

二、浸泡

将饲料置于池子或缸中，按1∶(1～1.5)的比例加入水。谷类、豆类、油饼类的饲料经过浸泡，吸收水分，膨胀柔软，容易咀嚼，便于消化，而且浸泡后某些饲料的毒性和异味便减轻，从而提高适口性。但是浸泡的时间应掌握好，浸泡时间过长，养分被水溶解造成损失，适口性也降低，甚至变质。

三、蒸煮

马铃薯、豆类等饲料因含有不良物质不能生喂，必须蒸煮以解除毒性，同时还可以提高适口性和消化率。蒸煮时间不宜过长，一般不超过20分钟。否则可引起蛋白质变性和某些维生素被破坏。

四、发芽

母兔在青饲料严重缺乏情况下，往往造成维生素的缺乏，继而影响獭兔的繁殖率。因此，在生产上常用大麦芽补饲。大麦发芽后可使一部分蛋白质分解成氨基酸。同时糖分、胡萝卜素、维生素E、维生素C及B族维生素的含量也大大增加。这对维持母兔维生素的需求相当重要。

方法是将准备发芽的籽实用30～40℃的温水浸泡一昼夜，可换水1～2次，然后把水倒掉，将籽实放在容器内，上面盖上一块温布，温度保持在15℃以上，每天早晚用15℃的清水冲洗1次，3天后即可发芽。一般经6～7天，芽长3～6厘米时即可饲喂。

五、籽实饲料的香化

籽实饲料特别是谷类籽实，经高温焙炒后，可使部分淀粉转变为糊精而产生香味。冬季可将高粱、玉米、豆类等炒后粉碎，同其他饲料混合后饲喂，这样能提高适口性和消化率。

六、带壳饲料的碱化

对于外壳坚硬的秸秆或谷秕等饲料，不利于獭兔的采食和消化吸收。应放在缸里或水泥池里，用1%～2%的石灰水浸泡1～2天，做碱化处理；之后，捞出用清水洗净，再根据需要加工处理。秸秆类粗饲料经过碱化处理后，粗纤维硬度降低，采食量明显增加，消化率显著提高。但獭兔日粮中碱化饲料的使用量应控制在80～100克/千克。

第四节　蛋白质饲料的加工调制

蛋白质饲料常常为农作物果实和动物经处理加工后的副产品，由于蛋白质饲料获取的方式不同，有的直接饲喂会导致部分獭兔中毒或降低利用效果。所以，这类饲料也需要加工调制。

一、豆饼类饲料的热处理

热处理具有软化饲料、提高其适口性和采食量的作用。热处理包括蒸煮、浸泡或膨化等。豆类或豆饼饲料因含有抗胰蛋白酶，若生喂会影响消化率，应煮熟或在喂前3～4小时用热水浸泡后再喂。但加热时间不宜太长，否则蛋白质消化吸收难度增加、养分降低、适口性下降。豆腐渣、甘薯等应熟喂，且喂量不宜多，避免造成拉稀。膨化是利用高压水蒸气处理后突然降压以破坏纤维结构的方法，它对秸秆甚至木材都有效果。

二、带毒饲料的脱毒

棉籽饼、菜籽饼是獭兔常用的补充性蛋白质饲料，但它们都含有毒素。因此，在使用之前必须进行去毒处理，而且要限制喂量。

（一）棉籽饼去毒方法与喂量

棉籽饼中含有游离棉酚，未去毒或使用不当将使獭兔中毒。所

以，使用前一定要按以下方法对棉籽饼进行去毒处理。

1. 中和脱毒浸泡法

根据游离棉酚与某些金属离子能结合形成不被动物吸收的物质，从而使其丧失毒性作用的原理。使用与棉籽饼粉游离棉酚等量的硫酸亚铁，搅拌后与其他饲料混合，直接饲喂。

2. 水煮脱毒法

根据加热煮沸将棉籽饼中的游离棉酚与部分水溶性化合物形成结合棉酚而失去毒性作用的原理。将粉碎的棉籽饼加适量的水煮沸，保持煮沸半个小时，冷却后饲用。

3. 高水分蒸炒

原理与水煮法类似。在制油的工艺中通过高水分蒸炒来降低棉籽饼中的游离棉酚的含量。

（二）菜籽饼去毒方法与喂量

未经去毒的菜籽饼不可用来喂獭兔。因为，菜籽饼中含有硫葡萄糖苷毒素，长期饲喂可引起獭兔中毒。因此，在使用之前必须进行去毒处理，而且要限制喂量。

1. 土埋法

选择向阳、干燥、地温较高的地方，挖一长方形坑，坑宽 0.8 米，深 0.7~1 米，长度根据菜籽饼数量决定，将菜籽饼按 1∶1 的比例用水浸泡软后埋入坑内，底部和顶部各加一层草，顶部覆土 20 厘米以上，埋两个月后可脱毒 90% 以上，但蛋白质要损失 3%～8%。

2. 氨处理法

氨化处理是以 7% 的氨水 22 份，均匀喷洒 100 份菜籽饼，盖 3～5 小时，再放进蒸笼蒸 40～50 分钟，晒干或炒干后喂獭兔。

3. 碱化处理法

碱化处理是以每 100 份饼加含纯碱 14.5%～15.5% 的溶液 24 份，盖 3～5 小时，再放进蒸笼蒸 40～50 分钟，晒干或炒干后喂獭兔。

此外，还有发酵脱毒法和外加添加剂脱毒法。去毒后的菜籽饼

喂量，不宜超过日粮的10%。

三、豆科籽粒的熟化处理

豆科籽粒主要有大豆、黑豆等，是高赖氨酸含量饲料，它们蛋白质品质好，但直接利用消化吸收效果差。经高温焙炒后，可使部分淀粉转变为糊精而产生香味。能有效提高适口性和消化率。

第五节 獭兔饲料添加剂的调制

目前，我国多数獭兔养殖场、户都在比较粗放的条件下饲养，日粮中由于缺乏蛋氨酸、胱氨酸或维生素、矿物质等，导致皮毛品质下降，被毛无光泽、退色，产生脱毛等现象，影响了皮板质量。

一、饲料添加剂的种类

对獭兔饲料添加剂的分类，目前仍处于探讨阶段。其原因主要是因为饲料添加剂的种类和性质多种多样，有营养性、促生长、保健抗病等，它们的作用拮抗和交叉效果兼而有之，难以统一在正常生理、药理或营养的理论基础上加以区分。目前，从使用添加剂的使用目的和效果来说，可将常用的饲料添加剂概括为六大类。

1. 补充和平衡营养类

包括氨基酸、维生素、微量矿物元素和非蛋白氮化合物等。

2. 保健和促生长剂类

单独具有或兼有抑菌防病、驱虫、促进饲料养分利用，促进动物生长、产蛋、产奶等作用的饲料添加剂。包括：抗生素、合成抗菌药物、驱虫剂等。

3. 生理代谢调节剂类

①激素：性腺类固醇及其类似物、生长激素、肾上腺素等兴奋剂。②抗应激类：氯丙嗪、维生素C等。③中草药类。

4. 增进食欲助消化类

包括酸化剂、甜味剂、鲜味剂、香料、生菌剂（益生素）、酶制剂和缓冲剂等。

5. 饲料加工及保存剂类

包括防霉剂、抗氧化剂、黏结剂、抗结块剂、乳化剂、青贮保存剂等。

6. 其他类

包括着色剂、饲料色素、活性炭、沸石、麦饭石、膨润土、硝酸稀土等。

二、使用饲料添加剂应注意的问题

近年来，随着科学技术的发展，獭兔用饲料添加剂品种不断增多，而农户对添加剂使用并不十分了解，致使应有的效果不能发挥。所以，农户在购买和使用饲料添加剂时应注意以下问题。

1. 尽量选择效益高、质量好的厂家的产品

一般知名厂家的产品质量较稳定，不易出现问题。

2. 科学使用

添加剂种类繁多，应依据獭兔种类、生长阶段及健康状况有目的地使用，否则会降低效果，甚至会出现中毒症状。

3. 注意适量添加

各种饲料添加剂的使用都是有一定的要求的，必须按照使用说明进行添加，而不是越多越好。某些添加剂如硒添加过多不但会增加成本，而且还会影响畜禽生长发育，甚至中毒。此外，各种营养元素只有在平衡时才能被獭兔很好地利用，否则会造成浪费，如钙、磷和氨基酸的平衡。

4. 注意混合均匀

一般场（户）可先用少量饲料与添加剂第 1 次混合，然后再用少量饲料进行第 2 次混合，依次类推，以达到预期的效果。

5. 注意饲喂方式

某些添加剂切忌煮沸使用，否则会使其分解、变质或变性而失效，如维生素、氨基酸、抗生素类。所以饲料添加剂只限于干粉、湿拌（水温低于 30℃）后饲喂。

6. 注意配伍禁忌，慎防发生对抗作用

① 钙、磷在碱性环境中难于被吸收，所以钙、磷不能与碱性较强的胆碱同时使用。

② 磷可降低机体对铁的吸收，所以补充铁制剂时，不宜添加过多的骨粉或磷酸氢钙。

③ 镁可降低机体对磷的吸收，所以补磷时，不宜添加过多的氧化镁或硫酸镁。

④ 钙、镁、铁等微量元素不要与土霉素同时使用，否则会影响吸收。

⑤ 铁、锌、锰、铜、碘等化合物可使维生素 A、维生素 K_3、维生素 B_6 和叶酸效价降低。

⑥ 维生素 C 过多时可减少铜在体内的吸收和贮存。

⑦ 胆碱碱性较强，可使维生素 B_1、维生素 B_2、维生素 B_6、维生素 K_1、维生素 K_2、维生素 C 和叶酸、泛酸等失效。

⑧ 铁制剂可加快机体维生素 A、维生素 E、维生素 D 的氧化破坏过程。

⑨ 维生素 C 可使维生素 B_1、维生素 B_2、维生素 B_{12} 和泛酸降低作用。

7. 勤购少买，保管好

购买添加剂时要注意生产日期、保质期和贮存条件，避免因时间过长出现潮解、结块现象。另外用添加剂配制好的全价料也应尽量缩短存放时间，一般夏天 1 周左右，冬天可以长些，但最多也不要超过 3 周。

三、獭兔饲料添加剂使用效果分析

1. 碳酸氢钠

又称小苏打，为弱碱，它能中和胃酸、溶解黏液、降低消化液的黏度，并加强胃肠的收缩，起到健胃、抑酸和增加食欲的作用。研究证明，在日粮中添加碳酸氢钠对提高家兔的消化力、免疫力、抗应激能力和生产力等都有良好的效果。在仔兔日粮中每只添加 0.5 克/天，结果平均体重比对照组提高 97 克，死亡率降低 14%，并减少了仔兔消化系统疾病的发生。

2. 硫酸钠

硫是畜禽所必需的矿物元素之一。在饲料中添加硫酸钠，可促进畜禽体内胱氨酸的生物合成和氧化还原反应的进行，并能显著提高畜禽的增重、产乳，提高皮毛质量。据报道，在毛兔基础日粮中添加0.3%的硫酸钠，结果试验组皮毛质量比对照组均有所提高，且差异明著；在肉兔基础日粮中添加0.2%的硫酸钠，日增重可提高4.5%，每增重1千克耗料降低0.55千克，可提高经济效益29.7%。通常在兔饲料中添加0.3%～0.5%硫酸钠，可明显提高其生产能力。

3. 喹乙醇

喹乙醇又称快育灵，是一种低毒、高效、用量少的抗菌促生长剂。能有效预防疾病，提高饲料利用率，促进代谢，提高氮的沉积，从而促进蛋白质、组织细胞的形成，加速生长，增加经济效益。在毛皮幼兔日粮中添加50～120毫克/千克的喹乙醇，可以提高日增重8.5%～20%，降低饲料成本5%～8.7%，降低发病率37.0%～54.7%，但由于喹乙醇的蓄积毒性不但能使动物发生中毒、死亡，且可能残留在肉食品中，对人体也有较大危害。因此，使用时必须严格注意使用范围、剂量浓度，并严格执行停药期。

4. 糖萜素

目前，糖萜素作为绿色饲料添加剂，具有增强机体免疫、防止应激，提高畜禽生产性能和改善产品品质的功能，已被广泛应用于动物生产中。据报道：在獭兔精料补充料中分别添加500毫克/千克糖萜素和80毫克/千克土霉素原粉及30毫克/千克喹乙醇，结果糖萜素组全期增重比土霉素、喹乙醇组分别提高11.42%、14.31%，饲料报酬提高9.12%、10.96%，成活率提高14.35%、11.90%，疾病明显减少，经济效益大幅度提高。同时，糖萜素在协同预防球虫和促进毛皮质量提高等方面也有明显效果。

5. 酶制剂

兔盲肠发达，但其肠道中能利用纤维素的微生物相对较少，且相应微生物分泌的纤维素酶活性较低，因而，在兔饲料中加入纤维素酶具有必要性。据报道：在獭兔日粮中添加1.5%纤维素酶，可

使日增重提高20.53%，饲料转化率提高19.41%，每千克增重成本较对照组降低1.18元；在此基础上，再加入0.75%酸性蛋白酶，可使日增重、饲料转化率分别提高22.82%、27.76%，每千克增重成本降低1.68元。

6. 益生素

益生素不但可提供营养物质，促进机体生长，而且能改善微生态环境，清理肠道有毒物质，调节消化机能、免疫系统等。据报道：在兔基础日粮中分别添加0.2%、0.5%的益生素，可分别提高日增重11.9%、6.2%；在饮用水中加2%的益生素乳剂，平均日增重提高9.9%，料重比降低10%。

7. 大蒜素

大蒜素以其具有诱食助消化、促生长、提高生产性能和抗病等多种功能而倍受养殖户青睐。据报道：在獭兔日粮中添加0.1%的合成大蒜素粉能明显减少疾病发生，日增重提高21%，獭兔每千克增重降低饲料消耗21.7%，经济效益十分显著。

8. 中草药添加剂

中草药添加剂不但可提供给獭兔大量的氨基酸、维生素、微量元素等营养物质，还能提高其饲料的利用率，促进生长发育，增强机体的免疫力。据报道：采用中草药复方饲料添加剂（由黄芪、白术、白芍、苍术、龙胆草、白头翁等按一定比例混合组成，经鉴定后粉碎过60目筛备用）饲喂断奶仔兔，试验组比对照组日增重提高15%，饲料转化率提高18.4%；同时试验组较对照组发生腹泻病例减少，具有良好的抗腹泻作用。

第六节 獭兔颗粒饲料的加工调制

为了保持饲料的均质性，我们可以将事先配制好的饲料制成颗粒，这样既可使淀粉熟化（如大豆和豆饼及谷物中的抗营养因子发生变化，减少对獭兔的危害），又可显著提高配合饲料的适口性和消化率，提高生产性能，减少饲料浪费；同时，还便于贮存运输。颗粒饲料虽有诸多优点，但在加工时应注意以下几项影响饲喂效果

的因素。

一、原料粉粒大小的控制

制造獭兔用颗粒饲料所用的原料粉粒过大会影响獭兔的消化吸收，过小易引起肠炎。一般粉粒直径以1～2毫米为宜。其中添加剂的粒度以0.18～0.60毫米为宜，这样才有助于搅拌均匀和消化吸收。

二、粗纤维含量的控制

颗粒料所含的粗纤维以12%～14%为宜。水分含量为防止颗粒饲料发霉，水分应控制，北方低于14%，南方低于12.5%。由于食盐具有吸水作用，在颗粒料中，其用量以不超过0.5%为宜。另外，在颗粒料中还加入1%的防霉剂丙酸钙，0.01%～0.05%的抗氧化剂丁基化羟甲苯或丁基化羟基氧基苯。制成的颗粒直径应为4～5毫米，长应为8～10毫米，用此规格的颗粒饲料喂獭兔收效最好。

三、制粒原料的选择

根据獭兔的采食特点和用料的目的，可将制粒原料分为全营养颗粒和单一饲料颗粒。全营养颗粒是根据獭兔的营养需要，将事先配制好的全价料制成颗粒，以便于獭兔采食；单一饲料颗粒一般为豆科饲料，将收获后的大豆秧晒干后，粉碎制粒，作为獭兔日粮中的添补饲料。

四、制粒过程中的变化

在制粒过程中，由于压制作用使饲料温度提高，或在压制前蒸汽加温，使饲料处于高温下的时间过长。高温对饲料中的粗纤维、淀粉有好的影响，但对维生素、抗菌素、合成氨基酸等不耐热的养分则有不利的影响，因此，在颗粒饲料的配方中应适当增加那些不耐高温养分的比例，以便弥补遭受损失的部分。

第七章　獭兔青贮饲料的加工利用

青贮饲料是獭兔最喜欢的补充性饲料来源，它以气味酸香、柔软多汁、适口性好，且存放时间长而深受广大养殖户的喜爱。近些年来，青贮技术发展很快，如鲜青贮、半干青贮、低水分青贮和添加甲酸、丙酸、糖蜜、谷物等，其中鲜青贮最受养殖户的欢迎。

第一节　青贮的类型和技术应用

一、青贮的类型

根据原料组成和营养特性，可将青贮分为单一青贮、混合青贮和配合青贮。

1. 单一青贮

单一青贮是指单独青贮一种禾本科或其他含糖量高的植物原料。

2. 混合青贮

混合青贮是指将多种植物原料或农副产品原料混合贮存，比单一青贮营养全面、适口性好。

3. 配合青贮

配合青贮是将各种青贮原料进行科学合理地搭配，然后混合青贮。

二、青贮技术的应用

（1）禾本科牧草中温带型牧草富含可溶性糖，易于青贮；而热带型牧草由于含可溶性糖相对较少，单独青贮质量欠佳，常需添加一些物质如糖蜜、麦麸、玉米粉等，才能提高青贮饲料品质。

（2）豆科牧草如紫花苜蓿、沙打旺、红三叶、白三叶等，由于含糖较少而蛋白质较多，不适合于单独制作青贮，但采用半干青贮、与禾本科牧草混贮和使用添加剂技术，可制作出高品质的青贮饲料。

(3) 玉米、高粱、甘薯等作物秸秆含糖量不会低于1%，青贮容易成功。甜菜、南瓜、甘薯、马铃薯、胡萝卜、莞根、佛手瓜等多汁料含水量和含糖量均较高，发酵剧烈，与其他原料混合青贮较好。

第二节　青贮贮存的主要技术设备

目前，我国青贮贮存的主要设备有青贮塔、青贮窖、青贮壕、袋装青贮、草捆青贮等。

一、青贮塔

大多是砖石和水泥砌成的圆筒形高塔。一般塔高12～17米，直径3.6～6米或8～12米，水泥顶盖，塔高5米处设有饲草入口。青贮塔优点是坚固、经久耐用，使用寿命20年左右；青贮料霉坏损失率低；使用中受气候影响较小。缺点是建塔费用高。

二、青贮窖

青贮窖有圆形、长方形、地上、地下、半地下等多种形式。长方形窖的四角必须做成圆弧形，便于青贮料下沉，排出残留气体。地下、半地下式青贮窖内壁要有一定斜度，口大底小，以防窖壁倒塌。如在地上打窖，上部壁厚为1米，腹部壁厚为1.5米，墙高2米，呈长方形，长、宽可根据需要确定。窖墙的一端开口，使青贮过程中的水分流出，并用于饲用时取料。窖顶用塑料布盖严，用土压实。建窖地点要选在高于地下水位0.5米以上，远离沟河、池塘、大树根，以防漏水、漏气或造成塌方。

三、青贮壕

通常建在离养殖场较近的闲置地带，根据贮量确定壕的规格，一般深度是1.5～2米，宽度可依据塑料膜宽度而定。如农村壕贮玉米秸，当玉米秸底部叶子1/3变黄，上部叶子大部分呈青绿色，含水率不小于60%时，是黄贮的适宜时期。玉米秸切碎长度1.2～

1.5厘米，还可加入骨粉，或每吨加3～5千克尿素。壕顶必须用塑料膜封闭严实。青贮壕优点是建造技术简易，成本低；缺点是饲草损失率高。

四、袋装青贮

一般是将青贮物料切碎，加入非蛋白氮，压实装袋，扎口，保证不透气，然后堆积存放在避光阴凉处。切碎长度<2厘米，破节率78%以上。袋装青贮有湿贮、半干贮和黄贮三种。湿贮物料装袋容重约740千克/米^3，含水率大于75%。半干贮物料容重约350千克/米^{3}以上，含水率60%±5%。黄贮是以玉米秸为主的袋贮。一般加入一定量非蛋白氮、尿素0.5%、硫酸铵0.7%和碳酸铵1%，每袋重80千克左右。**袋装青贮的优点**是青贮物料质量好，营养可保存85%以上；物料损失小；便于人力搬运和取饲。**缺点**是青贮少，不适合大规模养殖使用。

五、草捆青贮

这是生产低水分、含水率70%以下青贮饲料的一种方法。

1. 装袋式草捆青贮

把收割的牧草用拣拾压捆机压制成密实的大圆捆，把每个圆捆单独装入塑料袋中，然后将草捆袋在硬薄膜上码成垛，系紧每个袋口，再用塑料布覆盖，边缘用土压实埋严。优点是可商品性青贮，缺点是占地面积大。

2. 堆式大圆草捆青贮

将大圆草捆在塑料薄膜上密排堆放成垛，再用塑料布盖严，使之不透气，顶部用土或沙压实。主要机械设备是大圆捆机。一般要求每打开一捆，要在一周内喂完。

3. 方捆黄贮玉米秸

黄贮玉米秸要在收获期前15天摘穗，将秸秆压制成方捆，物料含水率40%～55%，喷入含氮46%的尿素、食盐各5%，装窖。捆与捆之间用散状湿牧草、甜菜叶或其他青绿饲料填充。每10米长用塑料布隔开，防止开窖后饲料短期内喂不完而变质。上面覆盖塑料膜，膜上压20～30厘米厚沙土。机具可用9KJ-1.4A型方捆机或 9CKJ-80 型高密度压捆机。

第三节　青贮饲料主要环节的技术要点

制作青贮饲料是一项短时间内的突击性工作。要求收割、运输、切碎、装填、压实、密封连续操作，一次完成。

1. 收割

要掌握各种青贮饲料收割时间，及时收获。一般青贮玉米在乳熟期收割，半干青贮在蜡熟期收割，黄贮玉米秸在完熟期提前 15 天摘穗后收割。豆科牧草在开花初期，禾本科在抽穗期，甘薯在霜前。这时的原料营养成分和养料都高，水分含量适宜，适于制作优质青贮饲料。

2. 运输

要随割随运，及时切碎贮存。放置时间一长，水分蒸发，养分损失。

3. 切碎

根据獭兔自身特点，可将青贮原料切成 1.2～2 厘米的长度较好。对青贮玉米秸，要求破节率在 75%以上。

4. 装填压实

切碎后及时装填，含水率在 65%～70%为好。对青贮壕、窖要随装随踩，每装 30 厘米左右厚度时踩实一次，尤其是边缘部分踩得越实越好。最好一次装满，如不能一次装满，则装填一部分后，立即在原料上面盖上塑料薄膜，顶部也用木板等盖好，次日继续装填。

5. 密封

严密封顶，防止漏气漏水。当原料装到超过窖口 60 厘米时，即可加盖封顶。先铺塑料薄膜，再加土拍实封严，覆土厚度 30～50 厘米，做成馒头形，有利于排水。窖的四周要挖排水沟，同时经常检查，防止漏气、漏水。

第四节 青贮饲料的品质鉴定

用玉米等含糖多、易青贮的原料经 6 周左右可制成青贮饲料，不易青贮的植物原料，须经 2～3 个月才能制成青贮饲料。饲用前或使用中要对青贮饲料进行品质鉴定。在实践中，多从青贮设施中各个层面均匀取样，以感观鉴定方法来鉴别青贮饲料品质；品质良好的青贮料具有酸香味，略有醇酒味，是青绿色或黄绿色，拿到手中很松散，质地柔软，植物茎、叶分辨明显略带湿润；品质中等的青贮料香味极淡或没有，具有强烈的醋酸味，是黄褐色或暗绿色，较干燥粗硬；品质低劣的青贮料具有特殊臭味，腐烂发霉，呈暗色、褐色、墨绿色，已经霉烂的，不能用来饲喂家畜。

第五节 青贮饲料的利用

青贮开窖一般在 40 天左右。开窖后，应十分注意青贮料的取用和保管，随取随用，防止氧化变质。取完青贮料后，应立即将青贮窖封闭起来。

青贮料是一种良好的多汁饲料，经过一段时间适应后，几乎所有的兔类都喜欢食用。而獭兔饲喂青贮料的数量，是根据品种、青贮的种类和品质决定的，品质好的可多喂，但不可能代替全部饲料。

饲喂青贮饲料的草食动物，不但生长速度快，抗病能力也明显增强，且消化率提高了 24.14%，节省了大量的精饲料。畜体屠宰后，皮质上乘，肌肉多汁，鲜嫩，肉体颜色好，芳香味浓。

第六节 青贮饲料的使用效果评定

青绿饲料在成熟和晒干过程中，不但营养价值损失较多，而且纤维素增加，质地粗硬，不利于獭兔的饲喂。秸秆青贮后产生大量的乳酸、微生物菌体蛋白，这些都是畜禽必需的营养物质。

一、青贮饲料有效地保存了青绿植物中的营养成分

一般青绿植物在成熟和晒干之后，营养价值降低 30%～50%，青贮后仅降低 3%～10%，并可以有效地保护青绿植物中的维生素和蛋白质；青贮秸秆的蛋白质含量一般为 7.7%，干秸秆的蛋白质含量一般为 1.8%。如新鲜的甘薯藤，每千克干物质中含有 158 毫克胡萝卜素，青贮后经 8 个月，仍可保留 90 毫克，但晒干后则只剩下 2.5 毫克，损失率达 98%以上。

二、青贮饲料提高了饲料的适口性

青贮饲料可以很好地保持饲料青绿时期的鲜嫩汁液。一般干草汁液含量只有 14%～17%，而青贮饲料的含汁量竟可达 60%～70%，既可以保持饲料的原有品质，又可以产生酸、甜、酒曲香味及特殊的清香味等，适口性较好，消化吸收率提高。

而那些质地粗硬的粗饲料，獭兔一般不爱吃，而经过青贮发酵处理后，质地柔软，且具有酸香味，适口性大为提高。

三、青贮饲料扩大了饲料的来源

獭兔不喜欢采食或者不能采食的野草、野菜、树叶等无毒青绿植物，经过青贮发酵可以变成畜禽喜爱的饲料，如向日葵、菊芋、蒿草、稻草等。有的在新鲜时有臭味，有的质地较硬，一般的獭兔多不喜欢采食它们或利用率很低，如果把它们调制成青贮饲料，不仅可以改变口味，而且可以软化秸秆，增加可食部位的数量。再如甘薯藤、花生秧等，调制干草的过程中叶子容易脱落，而制成青贮饲料，使这些富有营养的叶子能全部保存下来，从而保证了饲料的质量。

四、青贮饲料净化了饲料原料

很多危害农作物的害虫，多寄生在收割后的秸秆上越冬，由于秸秆铡碎并青贮，青贮的窖中缺乏氧气，而且酸度高，就可以将许多害虫的幼虫杀死；青贮所产生的乳酸能有效地杀死青绿植物中的病菌和寄生虫卵，减少对獭兔生长发育的危害，降低了病菌和虫卵传染的机会和能力。

五、青贮饲料为冬季提供了充足的多汁原料

青贮能为寒冷地区的獭兔在冬春季缺乏青绿植物时，提供青绿多汁的饲料，从而使獭兔保持高水平的营养状态生产水平。

六、青贮饲料增加了资源保护的途径

青贮饲料比贮藏干草需要用的面积小，且可以长期保存。一般每立方米的干草垛只能垛 70 千克左右的干草，而一立方米的青贮窖能贮藏青贮饲料 550～750 千克。

第八章　獭兔全营养饲料的配制

目前，我国大多数獭兔饲养场（户）普遍存在着饲养管理条件差，日粮营养水平低，或营养物质不完全等现象，严重影响着獭兔的生产质量。为有效提高獭兔的生产质量，增加养殖的经济效益，我们必须依据獭兔对全日粮的营养需求，合理配置，使獭兔在较理想的环境条件下尽可能地发挥出最大的生长潜力。

第一节　獭兔日粮配制的基本原则

獭兔是杂食性草食动物，它的生物学特性决定着獭兔采食多样性的特点。因此，在配制獭兔日粮时，应根据单一饲料的营养成分，采取多种饲料原料搭配组合，以达到饲料能量的总体平衡，满足獭兔的日常需要。

一、选择适合的獭兔饲养标准、确定营养需要量

獭兔生产可以分为长毛兔、肉兔和獭兔生产三个方向。不同生产方向的饲养标准是有一定差异的，獭兔生产者应该了解这些差异，并能在实际生产中加以应用。

（1）长毛兔生产中可以参考的饲养标准有原西德 Klaus 和法国 Rougeot 给出的产毛兔的营养需要，但两者差异很大。中国科技工作者在 1994 年提出了适合我国国情的中国“安哥拉兔饲养标准”，并已在实际生产中得到了广泛的应用。

（2）肉兔生产者在肉兔的日粮配合中可以参考的饲养标准有：美国的 NRC 标准、法国 Lebas 的营养需要量标准和法国的 AEC 兔的营养需要量标准。国内有关肉兔的饲养标准很少见，仅在 1988 年用新西兰兔、日本大耳兔和青紫兰兔筛选出的妊娠、哺乳、生长、肥育和种公兔的日粮标准，其适宜营养浓度均接近于美国 NRC 和法国 Lebas 的结果。

（3）国内外獭兔的饲养标准基本上是空白，獭兔生产者在实际生产中大多采用肉兔的饲养标准，在獭兔的日粮配合中应考虑獭兔

和肉兔在营养需要上如蛋白质、赖氨酸、含硫氨基酸的区别，并及时观察在实际应用中的效果。獭兔的营养需要量或饲养标准并不是一成不变的，养兔者在实际生产中应根据各地的具体情况和自己的经验适当地进行调整。

獭兔饲养标准中给予的指标有很多，实际应用时应根据具体情况，如能查到的饲料原料的指标数、使用原料的种类及计算方便与否等确定选择指标数，一般配方中考虑能量、蛋白质、赖氨酸、蛋氨酸、钙、磷、粗纤维即可。

二、确定獭兔原料饲料的使用范围

据有关专家研究发现：獭兔在众多的饲料原料中，每个品种的使用数量是不同的，只有按照獭兔的日常营养需要量去合理地搭配、组合，才能保证营养成分的平衡。一般来说，獭兔的日粮中要求粗饲料（干草、秸秆、藤蔓等）按35%～45%的比例添加；能量饲料（玉米、大麦等谷物）按25%～35%的比例添加；植物蛋白质饲料（各种饼粕类等）按5%～15%的比例添加；动物蛋白质饲料（鱼粉等）按0～5%的比例添加；无机盐饲料（骨粉、石粉等）按1%～3%的比例添加，饲料添加剂（包括微量元素等）按0.5%～1%的比例添加。

三、确定獭兔日粮配制时所需的原料的种类

中国饲料营养价值数据库中缺乏獭兔饲料营养价值的实测数据。獭兔用饲料营养价值的实测数据在美国NRC中仅列出了22种，国内近年来实测了100多种次，但是目前仍缺乏实测系统的饲料营养价值数据。

广大的养兔者在为獭兔配合饲料选择原料时，首先应考虑使用原料的种类，一般以5～8种为宜；其次应考虑各种原料的属性，原料是属于粗饲料还是属于能量饲料、蛋白质饲料或矿物质饲料，不同属性的原料之间是不能互相替代的，如不能用能量饲料中的玉米代替蛋白质饲料中的豆粕；再次应考虑饲料原料的营养物质含量变化，精饲料中玉米、麸皮、豆粕（饼）及矿物质饲料如石粉、骨粉等营养成分的变化在不同的批次之间含量变化不大，但是作为粗饲料原料的玉米秸、地瓜秧、花生秧、草粉、苜蓿粉等的营养成分

的变化很大，养兔户在选择时如果无法进行核实的话，一定要根据这些粗饲料的质地大致确定其营养成分的含量，当然最好的方法是对每一批原料均进行实际测定。

四、注意考虑配制獭兔日粮时的适口性

配制獭兔日粮时不仅要考虑饲料的营养价值，而且要考虑其适口性。利用适口性很差的饲料如血粉、菜籽饼等配制日粮时，必须限制其用量。由于獭兔是草食家畜，因此动物性原料如鱼粉、肉骨粉等在日粮中占的比例不应太多，否则不仅会影响日粮的适口性，而且会增加饲料的成本。

五、獭兔日粮配制时应考虑兔的消化特点

獭兔日粮的配制应严格按照不同的生产目的（肉、毛和皮）、不同的生理状况（妊娠、哺乳、生长、育肥和种公兔）进行配制。特别是仔兔、幼兔和成年兔的日粮中粗饲料的比例一定要有所区别，仔兔和幼兔的日粮中粗饲料的含量应适中，太少会影响消化器官的发育，太多则造成消化不良。有的饲料给量过多会引起便秘，而有些饲料过多则会引起腹泻，对这些饲料必须控制用量，以免招致不良后果。

六、注意考虑獭兔日粮配制的季节问题

夏季天气炎热，白天采食量很少，主要靠夜间采食。冬季白天时间短，夜间时间长，所以必须进行“夜饲”。“夜饲”是指晚上睡前饲喂一次，饲槽里放上饲料（混合精料、湿拌粉料或颗粒饲料），饮水器内放足水，草架上放上饲草（以青绿饲料为主）让獭兔夜间随意采食。只要在不浪费的情况下，采食量越多越好。

七、注意要保持獭兔日粮的相对稳定

一经确定獭兔喜食、生长快、饲料利用率高、成本低的日粮配方后，则应使日粮保持相对的稳定性，不宜变化太大、太快，以免造成应激引起影响，若要更换，应采取逐步过渡的饲喂方法，给獭兔有一个逐渐适应的过程。

八、应注意考虑獭兔日粮配制时的年龄、体况问题

应根据不同年龄、体重来配制日粮。因为幼兔、青年兔、妊娠

兔、哺乳兔等所需要的饲养标准不同，所以在目前国内尚未有统一饲养标准的情况下，应参照建议标准来配制日粮，以满足不同生长时期各类獭兔的营养需要。

第二节 獭兔全营养日粮的配制方法

獭兔的日粮是獭兔生产的基础，它不仅关系到优秀獭兔品种生产性能的发挥，而且和獭兔生产经营者的经济效益直接相关。因此，为獭兔配制一个合理的日粮是獭兔生产者首先应考虑的问题。

一、全价饲料的配方设计方法

全价饲料是指依据动物不同品种和生长阶段，由多种原料按一定配方比例经科学加工而成的具有一定形状、营养完全的配合饲料。全价饲料质量好坏，关键在于配方是否科学合理，但市场上多采取饲料配方软件结合实践经验设计。目前，在獭兔规模化生产过程中，饲料配方设计的方法很多，但常用的方法主要有：对角线法、试差法和计算机法等。

1. 对角线法

又叫方块法、四角法、图解法。在饲料种类不多、营养指标较少时可采用这种方法，比较简单。缺点是在饲料种类及营养指标较多时，采用这种方法计算要反复进行两两组合，比较麻烦，而且不能使配合日粮同时满足多项营养指标。例如：使用玉米、豆饼配制一个粗蛋白 14％的日粮。则可进行如下计算：①作十字交叉图，将配合日粮蛋白含量 14％放在交叉处，玉米和豆饼蛋白含量分别放在左上角和左下角，然后以左上、下角为出发点，各项对角作交叉，大数减去小数，所得数分别记在右上角和右下角。②计算所得各项差数，分别除以两差数的和，就得两种混合饲料的百分比：玉米应占比例 26/(26＋5)＝83.9％，豆饼应占比例：5/(26＋5)＝16.1％。

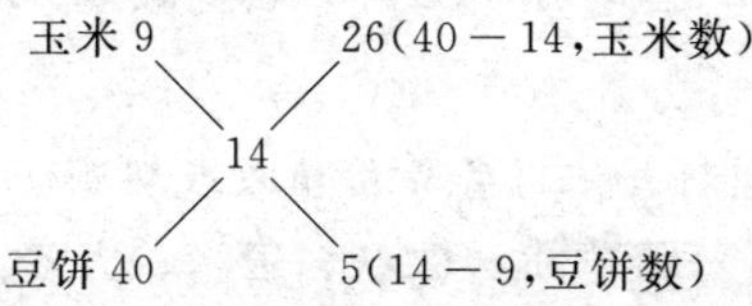

2. 试差法

又叫凑数法，是目前国内较普遍采用的方法之一。其具体做法是：根据经验初步拟定各种原料的大致比例，然后用各自的比例去乘该原料的各种养分的百分含量，再将各种原料的同种养分之积相加，即得到该配方各种养分的总量。将所得的结果与饲养标准比较，若有任一种养分超过或不足时，可通过增加或减少相应的原料比例进行调整和重新计算，直到所有营养标准都基本满足要求为止。这种方法简单易学，掌握后可以逐步深入，用于各种饲料配制技术，缺点是计算量大，十分繁琐，盲目性较大，不易选出最佳配方，成本可能较高。

3. 计算机法

根据现行规划原理，在规定多种条件的基础上选出最低成本饲料配方，它主要是根据所用原料的品种和营养成分，以饲养标准中规定的各种营养物质的需要量及饲料原料供应情况、市场价格变动情况为主要条件，将有关资料数据输入计算机，并提出约束条件：如饲料配比、营养标准、价格等，依据线性规划原理计算出能满足要求而价格最低的饲料配方。

用计算机饲料配方的优点是速度快、计算准确，但其所作配方很难考虑饲料的适口性、容积、有毒有害物、抗营养因子的含量。因此，需要有专业技术人员进行操作和调整才能得到合适的配方。此外，计算机配方需要较为昂贵的设备和专用软件，比较适合大型饲料厂和养殖场使用。

二、獭兔全价饲料的配制

根据事先制定的饲养标准和饲料营养价值表，应用试差法为獭兔配制全价饲料。

1. 依据饲养对象选择饲养标准，确定营养需要量

獭兔每千克饲料中应含有消化能 10.46 兆焦，粗蛋白 16%，粗纤维 14%，钙 0.5%，磷 0.3%，赖氨酸 0.6%，蛋氨酸加胱氨酸 0.5%。

2. 选择饲料原料并依据营养价值表或实测获得饲料养分含量

选择的原料有苜蓿草粉、糠麸、玉米、大麦、豆饼、鱼粉、食

盐、蛋氨酸、赖氨酸。各种饲料原料营养成分见表 8-1。

表 8-1　各种原料营养成分

成分 饲料	蛋白/%	消化能/(兆焦/千克)	粗纤维/%	钙/%	磷/%	赖氨酸/%	蛋氨酸+胱氨酸/%
苜蓿	11.49	5.81	30.49	1.65	0.17	0.06	6.41
糠麸	15.62	12.15	9.24	0.14	0.96	0.56	0.28
玉米	8.95	16.05	3.21	0.03	0.39	0.22	0.20
大麦	10.19	14.05	4.31	0.10	0.46	0.33	0.25
豆饼	42.30	13.52	3.64	0.28	0.57	2.07	1.09
鱼粉	58.54	15.75	0.0	3.91	2.90	4.01	1.66

3. 日粮初配

根据经验或现成的配方，初步确定各种原料的大致比例，并计算能量和粗蛋白水平，与营养标准进行比较。初配时，配方总量应小于 100%，以便留出添加食盐和其他添加剂的空间，一般比例为 98%～99%。根据饲料原料设计的初配情况见表 8-2。

表 8-2　日粮初配营养水平

原料	配比/%	消化能/(兆焦/千克)	粗蛋白/%
苜蓿草粉	40	2.32	4.60
麸皮	10	1.33	1.72
玉米	25	4.01	2.24
大麦	14	1.96	1.43
豆饼	8	1.08	3.38
鱼粉	1.5	0.24	0.88
合计	98.5	10.94	12.25
与标准比较	－1.5	0.49	－1.75

4. 配方调整

与标准比较，该日粮初配营养水平能量稍高于标准，而粗蛋白含量低于标准 1.75%，可用能量稍低而蛋白较高的豆饼代替部分玉米，豆饼蛋白含量为 42.30%，玉米蛋白含量为 8.95%，每替代 1%，蛋白净增 0.33%。因此，减少 5% 的玉米，增加 5% 的豆饼即可。调整后结果如表 8-3 所示。

表 8-3 调整后的日粮营养水平

原料	配比/%	消化能/(兆焦/千克)	粗蛋白/%	粗纤维/%	钙/%	磷/%	赖氨酸/%	蛋氨酸+胱氨酸/%
苜蓿草粉	40	2.32	4.60	12.20	0.66	0.07	0.024	0.164
麸皮	10	1.33	1.72	1.02	0.02	0.11	0.062	0.031
玉米	25	4.01	2.24	0.64	0.01	0.08	0.044	0.04
大麦	14	1.96	1.43	0.56	0.01	0.06	0.046	0.035
豆饼	8	1.08	3.38	0.47	0.04	0.07	0.269	0.142
鱼粉	1.5	0.24	0.88	0	0.06	0.04	0.06	0.025
合计	98.5	10.82	15.92	14.80	0.80	0.43	0.50	0.43
与标准比较	−1.5	+0.37	−0.08	+0.80	+0.30	+0.13	−0.10	−0.07

从结果看，消化能和粗蛋白含量与标准比较，分别相差0.37%和0.08%，基本符合要求：粗纤维含量和标准相差0.80%，也在差异允许范围之内。

5. 调整钙、磷、食盐、氨基酸含量

添加微量元素、维生素。如果钙、磷不足，可用常量矿物质添加，如加石粉、骨粉、磷酸氢钙等。食盐不足部分使用食盐补充。赖氨酸、蛋氨酸不足，使用人工合成 L-赖氨酸和 DL-蛋氨酸进行补充。

最后列出配方及主要营养指标

第三节 獭兔全价饲料的经验配方

一、幼兔的饲料经验配方

獭兔幼兔饲料选择原料时应注意饲料的易消化性和适口性。幼兔消化器官正处于生长发育阶段，消化能力较弱，不能使用过多的含木质素较多的秸秆类饲料。粗饲料应以优质牧草为主（如苜蓿草粉等）；蛋白饲料以豆粕、花生粕等适口性好、易消化的饲料为主，并特别注意微量元素和维生素的添加，以满足仔兔快速生长的需要。此外，还可以使用鱼粉等动物性蛋白饲料，以及富含 B 族维生素的饲料酵母，来补充维生素的不足。獭兔幼兔全价饲料经验配方见表 8-4。

表 8-4 獭兔幼兔全价饲料经验配方

饲料原料	1～2月龄		2～3月龄	
	配方1	配方2	配方1	配方2
优质干草粉	29	25	39	35
玉米或大麦	19	23	24	30
小麦或荞麦	19	16	10	8
豆粕	13	12	10	8
大豆秧粉	1	2	0.5	3
麦麸	15	15	12	10
鱼粉	2	2	2.5	2
骨粉	0.5	0.5	0.5	0.5
酵母粉	—	3	—	2
食盐	0.5	0.5	0.5	0.5
预混料	1	1	1	1
合计	100	100	100	100

二、生长育肥兔的饲料经验配方

生长育肥兔的饲料原料可以选用草粉、秸秆、大麦、玉米、豆粕和鱼粉等。饲料配合后，每千克全价饲料含消化能10.46～10.88兆焦，粗蛋白14%～15%，粗纤维15%～16%，钙0.5%～0.6%、磷0.3%～0.4%。有些养殖户为了降低成本，可加入一定量的杂粕，如花生粕、棉籽粕、菜籽粕或芝麻粕等，但不宜过多，一般总量不应超过日粮的10%。粗饲料用量可以适当加大，由于成年獭兔盲肠发达，可以合成较多的B族维生素，所以饲料中可以减少B族维生素的使用量。此阶段，生长兔除了正常的饲喂外，还可以添加补充性饲料，如青绿多汁饲料和一些子叶类农作物饲料等。生长育肥獭兔全价饲料经验配方见表8-5。

表 8-5 生长育肥獭兔全价饲料经验配方

饲料原料	配方1	配方2	配方3	配方4	配方5	配方6
苜蓿粉	—	—	30	—	—	—
干草粉	29	15	14	—	—	—
玉米秸秆粉	10	15	—	—	8	20
大豆秧粉	—	6.3	5	10	—	15
稻谷	—	—	—	25	—	—
玉米	16	18	5	25	15	20

续表

饲料原料	配方 1	配方 2	配方 3	配方 4	配方 5	配方 6
大麦	16	—	30	—	15	—
小麦	—	16	—	—	—	13
豆粕	14	12	15	18	15	10
棉籽粕	—	5	—	—	—	5
菜籽粕	—	—	—	7	8	—
花生粕	—	3	—	—	—	—
松针粉	—	—	—	—	5	5
麸皮	9	7	—	—	20	8
清糠	—	—	—	13	12	—
鱼粉	2	—	—	0.5	—	2
饲用酵母	1	—	—	—	0.5	1
骨粉	1.5	1.2	—	—	—	—
食盐	0.5	0.5	—	0.5	0.5	—
预混料	1	1	1	1	1	1
合计	100	100	100	100	100	100

该组配方含粗蛋白质 15%～16%，粗脂肪 3%～3.5%，粗纤维 14%～16%。本系列配方用于 60 至 120 日龄的生长兔，日增重可达 25～28 克。

三、妊娠母兔的饲料经验配方

妊娠母兔除了要维持木身的营养需求外，还需要保证胎儿生长发育需要。所以，在日粮配制时要特别注意营养充足和平衡，同时还需注意维生素和微量元素的添加。妊娠期间，獭兔的营养不能过高，以免造成难产或过肥影响哺乳。此期间，獭兔应保持中等营养水平，但粗纤维含量要适中，避免母兔便秘的发生。妊娠母兔饲料的经验配方见表 8-6。

表 8-6　妊娠母兔的饲料经验配方

饲料原料	配方 1	配方 2	配方 3	配方 4	配方 5
青干草粉	—	—	—	—	30
苜蓿粉	—	10	—	—	—
玉米秸秆粉	—	—	10	—	12
大豆秧粉	8	10	—	10	—
清糠	12	—	—	18	—
稻草粉	—	15	—	—	—

续表

饲料原料	配方 1	配方 2	配方 3	配方 4	配方 5
松针粉	—	—	8	—	—
玉米	10	10	10	18	28
大麦	20	15	20	—	7
稻谷	—	—	—	10	—
豆粕	15	10	15	10	4
菜籽粕	10	8	15	8	—
棉籽粕	—	—	—	—	1.5
花生粕	—	—	—	—	5
麸皮	18	15	15	20	6
鱼粉	—	—	—	2	2
黄豆	—	—	—	—	1
甘薯丝	5	—	5	—	—
酵母粉	—	5	—	—	2
蚕沙	—	—	—	2	—
骨粉	1.5	1.5	1.5	2	1.5
食盐	0.5	0.5	0.5	—	—
合计	100	100	100	100	100

以上配方每 50 千克饲料需另添加蛋氨酸 100 克、赖氨酸 50 克。该组配方含粗蛋白质 15.5%～16.5%，粗脂肪 3%～3.5%，粗纤维 14%～15%。妊娠母兔日采食量 125～200 克。

四、哺乳母兔的饲料经验配方

哺乳母兔对营养的需要量很大，因为，哺乳母兔除了要维持本身的营养需要外，还需要维持泌乳功能。所以，在进行饲料配制时，要注意能量的供应、蛋白质饲料的氨基酸平衡和易消化性；同时，为保证泌乳性能和乳汁质量，可以适当向饲料中添加脂肪类饲料。哺乳母兔饲料的经验配方见表 8-7。

表 8-7 哺乳母兔的饲料经验配方

饲料原料	配方 1	配方 2	配方 3	配方 4	配方 5
青干草粉	15	—	—	—	30
苜蓿粉	30	10	—	—	—
玉米秸秆粉	—	10	10	—	—
大豆秧粉	—	—	20	26	—
稻草粉	—	—	—	20.5	—
清糠	—	—	—	—	15

续表

饲料原料	配方 1	配方 2	配方 3	配方 4	配方 5
松针粉	—	5.5	—	—	5
玉米	10	15	14	8	12
大麦	—	—	—	14	12
稻谷	—	20	10	—	—
豆粕	8	10	15	12	17
菜籽粕	—	8	8	8	7
麸皮	19	20	22	10	—
次粉	15	—	—	—	—
酵母粉	—	—	—	—	0.5
骨粉	2.7	1.2	0.7	1.2	1.2
食盐	0.3	0.3	0.3	0.3	0.3
合计	100	100	100	100	100

以上配方每 50 千克饲料需另添加蛋氨酸 100 克、赖氨酸 50 克。该组配方含粗蛋白质 18%～18.5%、粗脂肪 3%～3.5%、粗纤维 13%～14%。全期日均采食量为 300 克。

五、种公兔的饲料经验配方

见表 8-8。

表 8-8　种公兔的饲料经验配方

饲料原料	配方 1	配方 2	配方 3	配方 4	配方 5
青干草粉	19	—	—	—	15
苜蓿粉	26	—	—	—	—
秸秆粉或清糠	—	20	12	—	12
大豆秧粉	—	28	22	10	15
麦芽根	—	—	—	13	4
松针粉	—	—	—	4	—
玉米	—	8	14	10	20
大麦	10	14	—	—	—
小麦	—	—	—	10	—
稻谷	—	—	12	12	—
豆粕	12	10	12	13	12
菜籽粕	—	8	8	—	—
麸皮	30	10	18	18	20
次粉	—	—	—	8	—
无机盐和维生素	3	2	2	2	2
合计	100	100	100	100	100

这组配方含粗蛋白质 16%～17%、粗脂肪 3%、粗纤维13%～14%。每只日喂量 125 克。

六、商品獭兔的饲料经验配方

见表 8-9。

表 8-9 商品獭兔的饲料经验配方

饲料原料	配方 1	配方 2	配方 3	配方 4	配方 5
玉米	8	15	16	15	10
大麦	—	—	—	15	15
小麦	—	15	—	—	—
豆粕	10	10	8	10	5
菜籽粕	—	8	7	8	8
大豆秧粉	15	10	12	—	12
苜蓿粉	20	—	—	—	10
青干草	20	—	11	—	—
秸秆粉或清糠	—	15	12	15	20.5
松针粉	—	5	—	5	—
麸皮	25	20	20	20	15
鱼粉	—	—	2	—	—
麦芽根	—	—	10	10	3
无机盐和维生素	2	2	2	2	1.5
合计	100	100	100	100	100

另外每 50 千克饲料加蛋氨酸 100 克。这组配方含粗蛋白质 15%～16%、粗脂肪 3%、粗纤维 14%～15%，适用于 120～165 日龄、毛皮成熟期的商品獭兔，每只日均采食量 125 克。

七、以花生秧或红薯秧粉为粗饲料的獭兔日粮配方

见表 8-10。

表 8-10 以花生秧或红薯秧粉为粗饲料的獭兔日粮配方

饲料原料	獭兔生长期配方	獭兔母兔泌乳期配方	獭兔种公兔配方	獭兔商品兔配方
花生秧或红薯秧粉	15	15	15	15
玉米	22.6	24	23	23
麸皮	10	9.6	11	10
大麦皮	26	23	29	25

续表

饲料原料	獭兔生长期配方	獭兔母兔泌乳期配方	獭兔种公兔配方	獭兔商品兔配方
豆粕	12	14	10	13
花生粕	8	8	8	8
棉籽粕	3	3	3	3
多种维生素	0.7	0.7	0.7	0.7
蛋氨酸	0.1	0.1	—	0.1
赖氨酸	0.1	0.1	—	0.1
磷酸氢钙	1	1	—	1
球虫净	1	1	—	0.7
食盐	0.5	0.5	0.3	0.4
合计	100	100	100	100

由以上獭兔饲料的经验配方可以看出：獭兔饲料组合的随意性很强，但只要营养成分均衡，獭兔喜欢吃，就是好的配方。目前，大多数商品经营者都把全价饲料制成颗粒，图 8-1～图 8-3 为中小规模养殖场常见的獭兔颗粒机和加工后的颗粒饲料。

图 8-1　中型獭兔颗粒机

图 8-2　小型獭兔颗粒机

图 8-3　獭兔全价颗粒饲料

第九章　专业养殖户和规模化獭兔场的建设

养殖户要想从事獭兔专业化生产、产业化经营的前提是要有一定的发展资金，要考虑当地的自然条件是否适合发展规模化养殖，市场前景如何。肯定答案后，就可以考虑养殖场的选址和獭兔棚舍的建设问题了。

第一节　獭兔场场址的选择

獭兔是一个群居性差且不可放养的动物，它的生物学特性决定着场址选择的特殊性。一个理想的獭兔场场址应具备以下条件。

一、地势高燥

兴建獭兔场应选择地势高操，背风向阳，排水良好的地方；低洼、山谷、背阴地区不宜兴建獭兔场。场址的地下水位应在 2 米以上。地势过低容易造成潮湿环境，地势过高则容易造成过冷环境。土质以导热性小、保温性好、透水性强的沙质壤土为好。

二、水源充足

一个理想的獭兔场场址应水源充足、水质良好，并符合饮用水标准。

三、交通便利

獭兔场场址应选择在环境安静、交通方便的地方。距离村镇不少于 500 米，离交通干线 300 米，距一般道路 100 米以外。大型獭兔场四周应有围墙或天然屏障与外界相隔，设专用道与交通干线相接，以利于防疫卫生。

四、獭兔场朝向

獭兔场朝向应以日照和当地的主导风向为依据，使獭兔舍长轴对准夏季主导风。我国大部分地区夏季盛行东南风，冬季多东北风或西北风。所以，獭兔舍朝向以南向较为适宜，这样冬季可获得较

多的日照，夏季则可避免过多的日射。

五、留有饲料粮基地

对一个獭兔规模养殖场来说，填充性饲料的用量也是相当可观的。草料如果全部从外地调运，将会增加成本，而且也不方便。所以，在选择场址时应就近安排一些饲料用地，这对日后饲养管理工作是有利的。

第二节　规模獭兔场的规划与布局

场址选定后，养殖户可根据远期和近期目标，结合地形、地势、水源、风向等自然条件，确定獭兔场总体布局，合理规划安排场内的建筑物的位置，使土地利用经济，獭兔舍布局整齐、合理，管理方便。图 9-1 为獭兔场总体布局示意。

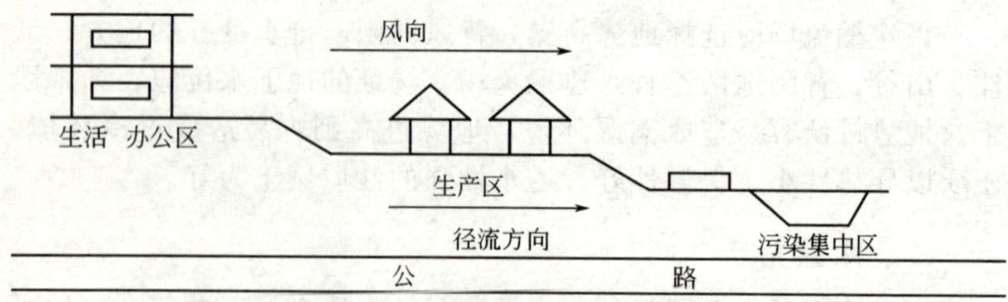

图 9-1　獭兔场总体布局示意

一、建设布局

一个规划完整的规模獭兔场一般可分为四个功能区，即：生产区、生产管理区、隔离区、生活区。为了便于防疫和安全生产，顺序应符合主风向和地势，由生活区开始，依次为生产管理区—生产区—隔离区。

1. 生产区

生产区是獭兔场的核心区，是总体布局中的主体，应慎重考虑。按主风向依次为种獭兔舍—幼獭兔舍—生产獭兔舍等。为便于通风，獭兔舍长轴应对准夏季主风向，使布局整齐紧凑，利用土地经济合理。生产区应有栏墙隔离，门口需设置消毒池。

2. 生产管理区

生产管理区包括獭兔场生产管理必需的附属建筑物，如：办公室、接待室、财务室、饲料加工车间、饲料仓库等。因与社会联系频繁，宜安排在獭兔场一角。管理区应与生产区有栏墙分隔，外来人员及车辆只能在管理区活动，不准进入生产区，以利于防疫卫生工作。

3. 生活区

包括职工宿舍和附属设施等，严禁与獭兔舍混建，但离生产区不宜过远，以利于工作方便。一般生活区应布局在上风向，继而安排管理区、生产区，粪便及尸体处理区应设置在下风向。

4. 隔离区

一般良种獭兔场都应设有隔离兔舍，新购入的种兔，以及病兔都要放进隔离兔舍饲养观察。隔离区应设在下风向，离健康兔舍较远。

总之，应根据当地的自然条件，充分利用有利因素，从而在布局上做到对生产最为有利。

二、基础设施

一般来说，獭兔规模场的基础设施建设包括道路、水塔和绿化等。

1. 道路

道路对生产活动正常进行、对卫生防疫及提高工作效率起着重要的作用。场内中央设主道，两边设分道。场内道路应净、污分道，互不交叉，出入口分开。净道的功能是人行和饲料、产品的运输，污道为运输粪便、病兔和废弃设备的专用道。

2. 水塔

自设水塔是清洁饮水正常供应的保证，位置选择要与水源条件相适应，且应安排在獭兔场最高处。

3. 绿化

绿化不仅美化环境、净化空气，也可以防暑、防寒，改善獭兔场的小气候，同时还可以减弱噪声，促进安全生产，从而提高经济效益。因此在进行獭兔场总体布局时，一定要考虑和安排好绿化。

第三节　獭兔舍的建设要求

獭兔舍是獭兔生活和生产的场所，獭兔的潜在生产力能否得到充分发挥，与獭兔舍建筑有密切关系。獭兔舍建筑与其他畜舍有些不同，獭兔喜欢独居，易受惊吓，以草食为主；遗传决定着生产力，而环境条件则决定能否最大限度地发挥其遗传力；只有在适宜的环境条件下，才能发挥其生产潜力。因此，獭兔舍的设计要根据獭兔的生物学特性和饲养管理要求，进行科学的设计。

一、总体设计思路

1. 冬暖夏凉

獭兔舍建设应通风良好，每千克体重每小时换气 2～3 米^3。由于獭兔对空气流动比较敏感，故吹向獭兔体的风速不能超过 0.5 米/秒。舍顶应设气窗，冬季门窗关闭，利用气窗排出有害气体。要求 1 升空气中有害气体氨的相对含量不应超过 0.01 毫克，硫化氢不超过 0.015 毫克。夏季打开南北窗，促使空气对流，降低室温。成年獭兔适宜温度范围为 12～25℃，最适温度为 12～16℃。初生仔兔的适宜温度为 30℃。在獭兔舍周围种植阔叶或藤蔓植物。下图 9-2、图 9-3 分别为标准化和简易獭兔舍图例。

图 9-2　獭兔标准化棚舍

图 9-3　獭兔简易棚舍

2. 坚固耐用

獭兔具有啃咬挖洞的习性，容易损坏笼具、料槽等设备。所以

选择建筑材料时，既要就地取材，又要考虑坚固耐用。

3. 管理方便

设计獭兔舍要考虑獭兔的生活习性，便于饲养管理，减轻劳动强度。有利于积肥和獭兔的环境卫生，预防疾病的传播。还应设置产房、育仔室及值班室，以方便饲养人员夜间工作。

4. 便于防疫

獭兔场及獭兔舍入口处设消毒池和更衣室，严防外人进入。墙壁、地面宜致密、光滑、无裂缝，易除污垢，容易清扫消毒，且能防寒、防潮、保温。獭兔场内运粪的污道和运料、人行的净道要分开，以免疾病的传播。

5. 采光充足

獭兔舍窗户的采光面积应占地面的15%，射入角最好在25～30度。窗沿宜靠近屋的天花板，除充分利用自然光照外，应增加人工光照，装置电灯。

6. 排水良好

獭兔舍应设置排水沟、沉污池、排水管及粪尿池等。运动场的地基应垫高30厘米。沉污池用来沉淀粪便及残草污物，在沉污池处应放过滤网，并将盖盖严。粪尿池应设在舍外5米远的地方，池口要高出地面10厘米，以防雨水流入，池壁用水泥抹严，不漏水，池口加盖。

7. 环境安静

獭兔喜欢安静，白天休息，夜晚出来活动。所以，獭兔不能与其他畜禽同笼同舍饲养，以免獭兔受惊，

二、獭兔舍的主体建设要求

1. 地面

獭兔舍地面应坚实、平坦，易清扫消毒，干燥，不透水。目前，一般种獭兔舍多采用水泥地面。有些地区采用砖块地面，虽然造价较低，但缺点甚多，如易吸水、积粪尿，造成舍内湿度过大，消毒困难，故大型獭兔场不宜采用。图9-4为獭兔舍内部地面图例。

2. 墙体

獭兔舍墙体应坚固、耐火、抗冻、耐水，结构简单并具备良好的保温与隔热性能。一般以砖砌墙为最理想，保温性较好，还可防兽害。

图 9-4　獭兔舍内地面图例

图 9-5　獭兔舍屋顶采光图例

3. 屋顶

屋顶是獭兔舍散热最多的部分，因而要求结构简单、经久耐用、保温性能好。较理想的屋顶为水泥预制板平板式，并加 15～20 厘米厚的土以利保温、防暑。目前，屋顶采用进口新型材料，做成钢架结构支撑系统、瓦楞钢房顶板，并夹有玻璃纤维保温棉，保温效果良好。图 9-5 为獭兔舍屋顶采光图例。

4. 门窗

獭兔舍门窗应考虑有效采光面积和防寒保温。獭兔舍的采光系数应为 1∶(6～10)，透光角应大于 10 度，入射角最好在 25～30 度，窗台与地面距离 0.5～1 米；门宽 1 米，高 2～2.2 米。

三、养殖户常使用的獭兔舍类型

1. 单列式獭兔舍

单列式獭兔舍通风、光照良好，夏季凉爽，但冬季保温较差。为了冬季保温，可在屋顶上方放置柴草，笼后出粪口用砖堵严，除粪时扒开。也可以在笼前砌 80～100 厘米高的墙，上面安铁丝网，冬季挂草帘、塑料薄膜或塑料编织布，以防风、保温和防兽害。下图 9-5 为单列式獭兔舍图例。

2. 双列式獭兔舍

双列式獭兔舍的优点是两列兔笼之间设走道，饲养管理方便，

有利于冬季保温。承粪板向两侧倾斜，清除粪便在室外进行，舍内清洁卫生。为了便于通风，南列可少建一层，空出的距离安铁丝网，或反转玻璃窗，也可建钟楼式獭兔舍。为了加强仔兔的活动，北侧兔笼，南侧建矮墙，做运动场，墙基上留出入孔，仔兔可以自由出入。也可以在舍内外运动场上架设钢丝地网或竹片网栅，在地网上饲养和运动，粪尿漏下，清洁卫生。下图 9-6 为双列式獭兔舍图例。

图 9-6　单列式獭兔舍图例

图 9-7　双列式獭兔舍图例

3. 冬繁獭兔舍

仔兔出生后，身小体弱，抗寒能力差，容易冻死。在气候暖和的季节用产仔箱保温。但在冬季和早春，需设保温性能较好的獭兔舍或产房。并在产仔箱通道上安闸门板，控制母兔定时哺乳。

第四节　獭兔笼的结构与设计

兔笼是獭兔生产中不可缺少的重要设备，设计合理与否，直接影响着獭兔的健康、兔产品品质和生产效益。

一、兔笼规格

兔笼规格的大小，应按兔的品种、类型和年龄的不同而定。一般以獭兔能在笼内自由活动为宜。一般标准笼长为体长的 1.5～2.0 倍，笼宽为体长的 1.3～1.5 倍，笼高为体长的 1.1 倍。而以商品生产为主的种獭兔一般为宽 60 厘米，深 55 厘米，高 45 厘米（每只所需面积为 0.15～0.23 米^2）；商品兔笼宽、深、高建议为

(40×50×40)厘米^3（每只所需面积为0.08～0.12米^2）；仔兔笼宽50厘米，深45厘米，高35厘米（每只所需面积为0.8米^2）。

二、兔笼结构

1. 笼门

应安装于笼前，要求启闭方便，能防兽害、防啃咬。可用竹片、打眼铁皮、镀锌冷拔钢丝等制成。一般以右侧安转轴，向右侧开门为宜。为提高工效，草架、食槽、饮水器等均可挂在笼门上，以增加笼内使用面积，减少开门次数。

2. 笼壁

一般用水泥板或砖、石等砌成，也可用竹片或金属网钉成，要求笼壁保持平滑，坚固防啃，以免损伤兔体和钩掉兔毛。如用砖砌或水泥预制件，需预留承粪板和笼底板的间隙（3厘米）；如用竹木栅条或金属网条，则以条宽1.5～3.0厘米，间距1.5～2.0厘米为宜。

3. 承粪板

承粪板的功能是承接獭兔排出的粪尿，以防污染下面的獭兔及笼具。通常承粪板选用石棉瓦、油毡纸、水泥板、玻璃钢、石板等材料制作，要求表面平滑、耐腐蚀、质量轻。安装承粪板应呈前高后低式倾斜，并且后边要超出下面兔笼8～15厘米，以便粪便顺利流出而不污染下面的笼具。

4. 笼底网

一般为镀锌冷拔钢丝或竹木制兔网。要求平而不滑，坚而不硬，易清理，耐腐蚀，能够及时排除粪便，宜设计成活动式，以利清洗、消毒或维修。网孔要求断乳后的幼兔笼1.0～1.1厘米，成年兔1.2～1.3厘米。

三、组合笼层高度

目前国内常用的多层兔笼，上下笼体完全重叠，层间设承粪板，一般2～3层。该种形式的笼具房舍的利用率高，但重叠层数不宜过多。否则獭兔舍的通风和光照不良，也给管理带来不便。最底层兔笼的离地高度应在25厘米以上，以利通风、防潮，使底层

兔亦有较好的生活环境。

四、獭兔笼附属设施

1. 食槽

獭兔的食槽种类很多，包括竹制、水泥制、陶制、铁皮制和草架等，其中规模养殖场常使用铁皮制品。獭兔的食槽为半圆型槽结构，槽长 14 厘米，宽 13 厘米，高 6～8 厘米。为防止被獭兔踩翻，应固定在笼门上，为活动式食槽。见图 9-7、图 9-8 獭兔食槽图例。

图 9-8 獭兔食槽平视图例

图 9-9 獭兔食槽俯视图例

2. 水槽

有盛具和自动饮水器两种。盛具种类很多，形态各异，使用者主要为家庭散户。自动饮水器包括乳头饮水器、弯管瓶式饮水器和瓶式饮水器，其中乳头饮水器是规模养殖场普遍采用的方式。见图 9-9 獭兔乳头饮水器和图 9-10 獭兔普通水式器具。

3. 草架

草架是为了减少踩踏和粪尿污染所造成的饲草浪费，呈“V”字形，分固定式和翻转式两种。主要材料为钢丝、竹条、木板条或废铁皮做成的栅格网，通常固定在笼门的中央处。草架一般长 25～30 厘米，上口宽 15 厘米，高 20～25 厘米。另一种草架是放在运动场上，尺寸可大些，长 1 米，高 70 厘米，上口宽 50 厘米。

4. 产仔箱

又称育仔箱，是母兔分娩和哺育仔兔的场所。仔兔在产箱内至

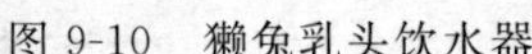
图 9-10 獭兔乳头饮水器

图 9-11 獭兔普通水式器具

少生活 1 个月，因此在设计上，产箱要求保温，母兔进出哺乳方便，而仔兔又不易爬出箱外。目前，常使用的产箱有两种：一种是平口产箱，多用 1 厘米厚的木板制作，箱底钻几个小孔，便于尿液流出。另一个为月牙形缺口产箱，在前方留一个月牙缺口，在分娩时将产箱放倒，箱内面积大，便于分娩，分娩后将产箱竖起，以免仔兔外爬，其大小以母兔能卧下为原则。

第五节　100 只种獭兔规模养殖场建设情况的测算

要建设年存栏 100 只种獭兔（24 组）的小型规模饲养场，既要考虑用地、标准化水平，又要考虑经济实惠。所以，我们必须根据獭兔体的大小、生产生活习性来设计、规划。

一、獭兔场布局的设计

假设我们选择一块面积为 360 米^2 的土地（长 40 米，宽 9 米），建设一个年存栏 100 只种獭兔（24 组）小规模饲养场，需要筹建能容纳 100 只种獭兔（75 只母兔，25 只公兔）、44 只后备种兔、600 只仔兔、1200 只生长兔的兔舍，才能完成 100 只种獭兔繁育生产的任务。

1. 种兔笼位设计

按存栏 100 只健康、适龄优质种兔计算，需用 8 组种兔笼（规格为长 160 厘米、深 50 厘米、高 40 厘米，每组 12 栏位），周围边

道宽 1.2 米，中间过道 1.2 米。

2. 仔兔笼位设计

按每只母兔产仔 8 只计算，75 只母兔理想产仔 600 只，每栏位 3～4 只仔兔，需用 16 组仔兔笼（规格为长 160 厘米、深 50 厘米、高 40 厘米，每组 12 栏位），周围边道宽 1.2 米，中间过道 1.2 米。

3. 生长兔笼位设计

按仔兔成活率 90%计算，转入生长兔笼的仔兔 540 只，每栏位 1 只仔兔，需用 45 组生长兔笼（规格为长 160 厘米、深 50 厘米、高 40 厘米，每组 12 栏位），周围边道宽 1.2 米，中间过道 1.2 米。

4. 育成兔笼位设计

按仔兔成活率 98%计算，转入育成兔笼的生长兔 530 只，每栏位 1 只仔兔，需用 45 组育成兔笼（规格为长 160 厘米、深 50 厘米、高 40 厘米，每组 12 栏位），周围边道宽 1.2 米，中间过道 1.2 米。

综上所述：该獭兔场共需兔笼 114 组。按兔舍 3 层/组、2 组/列、3 列/舍计算，则需长 30.4 米（114 组÷3 列/舍÷2 组/列×1.6 米），宽 9 米的土地才能完成生产。

二、兔场资金投入计算

1. 工程建设主要内容

① 建兔舍一栋长 35 米×宽 9 米（包括 4 米的饲料间），共 315 米^2，其中种兔舍、仔兔舍、生长兔舍、育成兔舍连体通透，与饲料库房连接。

② 办公用房 36 米^2，道路硬化 100 米^2，兔笼 114 组。

③ 化粪池 1 个（4×6×1）=24 米^3，消毒池 1 个 2 米^2。

2. 概算投资建筑安装工程费 22.706 万元

建筑安装工程费及总指标见表 9-1。

表 9-1　建筑安装工程费及总指标

序号	名称	投资概算/万元	建筑面积(面积、体积)/米²、米³	数量/个、组	存栏数量/只	日处理粪便量/吨
1	兔舍	15.75	315	1	1100	—
2	办公用房	2.52	36	1	—	—
3	道路硬化	1.0	100	—	—	—
4	消毒池	0.2	1	1	—	—
5	化粪池	0.5	24	1	—	0.1
6	兔笼	2.736	3层×4室	114	—	—
	合计	22.706	—	—	—	—

3. 土建和水电材料使用情况

见表 9-2。

表 9-2　100 只种獭兔小型规模场土建材料使用情况

材料名称	规格	数量	单位	单价/元	总概算/万元
水泥	325	50	吨	300	1.5
沙	—	100	方	100	1.0
钢筋	方钢、角钢	10	吨	5000	5.0
砖	—	2×10^5	块	0.4	8.0
土	—	100	方	20	0.2
彩钢板	—	400	米²	600	2.4
兔笼	—	114	组	240	2.736
建筑工程款	—	—	—	—	1.85
合计	—	—	—	—	22.706

三、兔场人员安排

兔场人员安排是由种兔的数量和产仔数决定的。一般来说，小规模獭兔养殖场，每 50 只种兔（包括产仔和育成管理）就需用 1 个劳力。所以，一个 100 只种兔的规模养殖场，共需 2 个劳力。

四、年存栏 100 只种獭兔（24 组）小规模饲养场建设布局

一个存栏 100 只种獭兔的规模养殖场建设布局图例如图 9-12 所示。另外，筹建小型獭兔养殖场，还必须配备饲料加工机组，包括粉碎机、制粒机、饲料生产基地（以生产青绿多汁饲料为主）等。

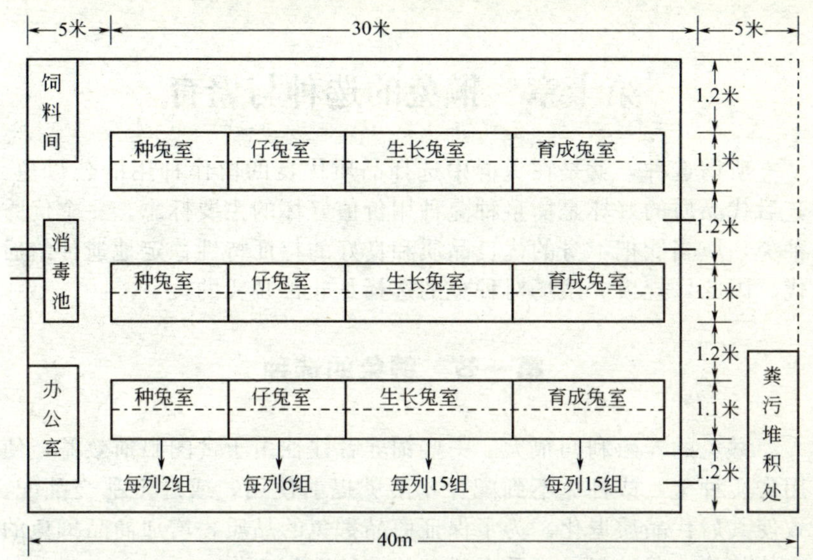

图 9-12 小规模獭兔饲养场建设布局图例

第十章　獭兔的选种与繁育

所谓选种，就是在兔群中选择品质优良的留作种用的公母兔。其后代品质的好坏是衡量种兔种用价值好坏的主要标志。一个优秀种兔，应当能把本身的优良品质和良好的特征特性稳定地遗传给后代。因此，规模养殖场对种兔的选择是非常必要的。

第一节　獭兔的选种

獭兔的养殖利润很大。一些饲养者往往由于贪图眼前效益，使用劣质种兔，或种兔不到配种年龄就提前使用，或近亲乱交乱配，致使其后代品质退化。为了保证商品獭兔的品质，增加商品獭兔的个体价值，养殖场必须重视獭兔的选种选配工作。

一、獭兔的选种标准

獭种兔和其他家畜一样，都是为了获得良好的商用价值，这就需要它具有良好的遗传特征和突出的外观表现。只有这样，才具备做种的条件。所以，农户要想获得品质优良的种源，就必须从以下几个方面入手。

1. 毛色标准

世界公认的獭兔色型近 30 种，选种必须毛色纯正，无杂毛，色泽光亮，具有该品系固有的色型要求。全身毛色纯正一致，除花色（花斑色）獭兔外，最忌讳白色獭兔混生杂色毛，有色獭兔混生白毛、沙毛等。而白色獭兔是市场上最受欢迎的品种。

2. 背毛标准

背毛必须紧密厚实，密中求密，每平方厘米皮肤面积内着生的毛纤维根数在 2 万根以上，绒细平顺，手感柔软，有光泽有弹性，戗毛含量少，不超过 4%～7%。背毛最忌空疏、长短毛参差不齐，就无法与毛皮兽水獭媲美。此外，应重视背毛换毛速度，4～5 月龄应完成第 1 次年龄性换毛。

3. 体重标准

目前，国内外选种已由重色型向重体形、体重转化，体形、体重大中求大。因为商品獭兔体重在 3 千克以上才有可能生产出二等以上裘皮。青年獭兔 5 月龄应在 3 千克以上，成年獭兔应在 4～5.5 千克。

4. 体质外形标准

体质健康结实，体形协调，各部位结合良好；头部宽大，方头大嘴，眼大明亮有神；耳、眼、口、鼻、爪干净，无耳螨、脚螨、体螨等；全身肌肉丰满，肩、背、腰宽广，臀部发达，肢势正良。凡身腰短、狭浅胸、短平肋不能留作种用。公獭兔睾丸大小匀称，严防把隐睾、单睾公獭兔留作种用。母獭兔外生殖器官无炎症。

5. 生长与繁殖性能标准

生长发育快，饲料转化率高，5 月龄体重应在 3 千克以上。母獭兔有效乳头 4 对以上，产后健康活仔兔应在 7～8 只，断奶成活兔 6 只以上，年繁殖 5 窝以上，且后代生活力强，年出栏健康青年獭兔 25 只以上。屡配不孕，泌乳力低，产后弃仔或有吃仔恶癖的母獭兔一律不能留作种兔。

6. 适应性

种獭兔必须适应性强，具有耐严寒酷暑、耐粗饲、抗病力强等特点。

二、獭兔的选种方法

为了准确地选出优良种兔，我们必须从它们的个体品质、父母代品质、同胞品质以及后代品质进行综合性评定。目前市场上选种的方法很多，但较为常用的有个体选择、家系选择和综合选择等。

（一）个体选择

根据獭兔本身的质量性状或数量性状，通过眼看手摸，在兔群中普中选良，良中选优，优中再选优，淘汰低劣个体。以便不断提高裘皮张幅和背毛品质。

① 要求獭兔体形大，结构匀称，肌肉丰满，臀部发达，肉髯明显，毛色纯正有光泽，背毛紧密厚实，戗毛含量少，体表面积超

过 0.1 米^2。

② 公獭兔要求睾丸匀称、性欲强，且生殖器官发育良好。

③ 母獭兔要求个体大，母性好，毛色遗传稳定，且有效乳头在 4 对以上。

（二）家系选择

也称亲缘选择，即以整个家系作为 1 个单位，选出家系均值较高的个体留作种用。这种方法适用于一些遗传力较低的性状，如繁殖力、泌乳力与成活率等。因为遗传力低的一些性状，表现型的好坏受环境因素的影响较大，若仅仅根据个体选择，准确性较差。采用家系选择法能较正确地反映出家系的基因型。家系选择的主要形式有系谱选择、同胞测验、后裔鉴定或阶段选择等。

1. 系谱选择

即是对獭兔祖先的生产成绩进行鉴定，如果其祖先各方面表现突出，可作为选种的依据，判断其后代品质的好坏。系谱选择主要用于其本身尚无生产成绩，又无旁系材料时，依照系谱选择作为选种根据，常用于幼兔早期的选留与淘汰。系谱选择在选种上的准确性不如其他方法。如果有旁系和后裔材料，系谱选择可作为参考。

2. 同胞测验

同胞包括同父同母的全同胞和同父异母或同母异父的半同胞。同胞测验就是以全同胞或半同胞的表型值来选择留种兔的一种方法。进行同胞测验时，一般对遗传力较低的性状，同胞数愈多，则测定效果就愈好，最好提供 5～7 只以上的全同胞数和 30～40 只以上的半同胞数才较可靠。

3. 后裔鉴定

这是根据大量的后代性能评定来判断种兔遗传性能的一种选择方法。这种方法的准确性最高，但后裔成绩的表现需一年多时间，其选种和遗传进展延长了世代间隔。目前，养殖户很少使用这种方法。

（三）综合选择

种兔的个体选择和家系选择在选种实践中是相互联系、密不可

分的，只有把它们融为一体，才能选出可靠的种兔。将这些方法综合起来选择种兔的方法，叫综合选择。由于种兔的各项性状分别在特定的时期得以表现，因而对它们的选样必然分阶段进行，故此方法又称阶段选择。

1. 第一次选择

一般在断乳时进行。主要以系谱和断乳体重作为选择根据。系谱选择的重点是注意系谱中优良祖先的数量，优良祖先数量愈多，则后代优良基因的机会就愈多；断乳体重则对以后的生长速度有较大的影响。此外，还要配合同窝其他仔兔生长发育的平均速度进行选择，将符合选育要求的列入育种群，不符合育种要求的列入生产群。

2. 第二次选择

一般在 3 月龄时进行。从断乳至 3 月龄，獭兔的绝对生长速度或相对生长速度都高。因此，鉴定的重点应是 3 月龄体重、断乳至 3 月龄的日增重和被毛品质等，采用这三项指标构成选择指数，则可达到较好的选择效果。生产上常选择生长发育快、毛皮品质好、抗病能力强、生殖系统正常的个体留做种用。

3. 第三次选择

一般在 5～6 月龄时进行。这是獭兔一生中毛质、毛色表现最标准的时期，又是獭兔初配和商品兔取皮最佳时期。所以，可以根据生产性能和体质外貌进行选择，合格者列入后备兔群，不合格者作商品用。此时，还需对公獭兔进行性欲和精液品质鉴定，对于体形小、性欲差、精液品质低的劣质公獭兔坚决给予淘汰。

4. 第四次选择

一般在 1 岁左右时进行，主要鉴定母獭兔的繁殖性能（母獭兔初次产仔情况不能作为选种依据），根据母獭兔第二胎仔兔断乳后，产仔数、泌乳能力等进行综合评定，但对屡配不孕、繁殖性能过差的、泌乳性能不理想的母獭兔，应及时做淘汰处理。

5. 从种獭兔的后代表现情况选择种兔

当种獭兔的后代有生产记录时，应随时根据其后代的品质对种獭兔进行遗传性能的鉴定，对其后代表现良好的留作种用，表现不好的坚决予以淘汰。

三、獭兔的雌雄鉴别

獭兔的雄雌鉴别可根据獭兔生长的四个阶段进行分别鉴别。

1. 仔兔期

出生两周的兔，外阴部生殖器孔与肛门距离近的为母兔；外阴部生殖器孔距离肛门相对远的、较凸出的是公兔。

2. 幼兔期

2～3 月龄兔，用手指按压阴部，呈尖叶形，裂缝斜向并接近肛门的是母兔；阴部口凸出呈圆管形的是公兔。

3. 中兔期

4～5 月龄期，公兔可以见到阴部有明显的突起；母兔下腹部腹中线两侧，可找到米粒大小的乳头。

4. 成年期

公兔头部短，呈方形；母兔头部稍大，呈条形。公兔活泼跳跃，好啃好刨好咬斗；母兔性情稍温和。

四、獭兔引种时的注意事项

引种是獭兔生产中的一项重要技术工作，特别是新发展地区，引进种兔品质的好坏，不但直接影响到产品的数量和质量，而且对养兔业的发展也有很大的影响。为了充分发挥引进种兔的生产性能，必须注意引种中的具体问题。

1. 从正规种兔场引种

首先要检查有无“营业执照”、“种畜禽生产经营许可证”，然后检查有无种兔合格症、防疫合格证和种兔技术档案等资料，并索要种兔个体卡片（系谱）资料，以防血统混杂，出现近亲繁殖。最后签订合同，以免造成损失。

2. 引种季节的把握

一般来说，獭兔的引种以春、秋两季为好；尽量避免夏季引种（夏季温度高，獭兔因高温引种应激反应，个别造成獭兔死亡）；而

冬季寒冷又缺青饲料，影响成活率和生长发育。

3. 对引种年龄的控制

獭兔的引种以3～5月龄、体重1.75～3千克为好。忌引进老龄兔和刚刚断奶的仔兔（老龄兔已失去种用价值，仔兔适应性差、成活率低）。并做好健康检查：即无眼屎、无鼻液、无耳螨爪螨，口腔无溃疡和烂斑，肛门无稀粪粘着，外阴无水肿、炎症与脓性分泌物等。

4. 为种兔提供良好的生活环境

新引进的种兔舍，应保持清洁干燥，并严防过堂风直吹兔体，严禁喂发霉变质饲料，严禁喂带雨水或露水草，青饲料割下最好晒半天后再喂。新进场后的种兔最好饲喂原场饲料5～7天，之后逐渐过渡本场饲料；为了减少水土不服，最好饮用温开水3～5天，这对提高种兔的成活率是相当重要的。

5. 对疫病的控制

为了保证引种工作的顺利进行，引进种兔时必须严格执行检疫制度，切实做好隔离观察工作，以防各种疾病的进入。种兔引进后必须隔离观察15天，经检查无病后才能转入合群。

目前，我国养殖户的獭兔种源的获取方式有两种：一是直接从有资质的种兔场引进，二是自己培育。

第二节 獭兔的选配

选配就是按着预先设计的目标有计划地选择公兔、母兔进行配对，以获得较为理想的、稳定遗传的高品质群体。所以，獭兔的选配对商品经营十分重要。

一、獭兔选择配对的原则

选择配对是选种的延续和巩固，是获得高品质獭兔群体的主要途径。因此，獭兔生产者必须根据其品种特征、血缘关系、年龄因素进行选择，让最佳的搭配创造出最大的生产效益。下面是我国劳动人民经过千百年来总结出的经验选配方式。

① 獭兔配对必须做到有病不配，品种不纯不配，近亲不配，

年龄相差一年不配。

② 优秀母兔必须用优秀公兔交配，公兔品质要高于母兔；并且，不提倡早配、血配，严禁近亲交配。

③ 青年公兔与壮年母兔交配，优秀老年公兔与壮年母兔交配，壮年公兔与老年母兔交配，优秀母兔与壮年公兔交配。

二、獭兔的选配方法

要想获得良好的杂交效果，獭兔的配对方式非常重要。目前，市场上使用效果较好的方法有同型选配、异型选配和亲缘选配三种方法。

1. 同型选配

同型选配就是选择性状相同、性能表现一致的公母兔配种，以获得与之相似的优秀后代。同型选配适用于生产性能较高的、非亲缘关系的优良种兔，目的在于使这些优良性状在后代中得到保持和巩固，也有可能把个体品质转化为群体的品质，使优秀个体数量增加；但应注意不能选择具有同样缺点的公母兔进行交配，否则将会带来不良后果。例如，为了提高兔群的生长速度，可选择生长速度快的公母兔交配，使它们的后代保持这一优良特性。

2. 异型选配

异型选配可分为两种情况，一种是选择有不同优良性状的公母兔交配，使其将两个性状结合在一起，从而获得兼有双亲不同优点的后代。例如，选择个体大、毛皮质量好、生长速度快的獭兔与个体小、毛皮质量一般的獭兔交配，从而使后代生长速度加快、个体增大、毛皮质量提高。

另一种情况是选择同一性状优劣程度不同的公母兔交配，即所谓以优改劣，以优良性状纠正不良性状。例如在本品种中，有些种兔繁殖性能较好，只是生长速度较慢，即可选择一只生长速度快的公兔与其交配，使后代不仅繁殖力高而且生长速度也随之加快。实践证明，这是一种可以用来改良许多性状的行之有效的选配方法。

3. 亲缘选配

亲缘选配就是考虑到公母兔之间是否有血缘关系的一种选配方

式，如果交配的公母双方有亲缘关系（在畜牧学上规定7代以内有血缘关系）称之为亲交，没有血缘关系的称之为非亲交。獭兔近亲交配往往带来不良后果，如繁殖力下降、后代生活力降低等。但也有报道认为，近交可使毛兔产毛量提高，皮肉兔皮板面积增大。在育种过程中，应用近交有利于固定种兔优良性状，迅速扩大优良种兔群数量。由此可见，近交有有利的一面，也有不利的一面。在生产实践中，商品兔场和繁殖场不宜采用近交方法，尤其是养兔专业户更不宜采用。即使在獭兔育种中采用也应加强选择，及时淘汰因近亲交配而产生的不良个体，防止近亲衰退。

第三节　獭兔的配种方式

獭兔的发情没有明显的季节性，一年四季均可繁育，这就给配种创造了条件。

一、配种的主要方法

目前，我国獭兔的主要配种方法有自然交配、辅助交配及人工授精三种方式。

1. 自然交配

自然交配是一种原始而落后的配种方法，即把公、母兔按一定的比例混养在一起，在母兔发情期间，任凭公、母兔自由交配的一种方法。这种方法的优点是配种及时，能防止漏配，节省人力。但缺点较多：一是无法进行选种选配，容易导致近亲交配，使品种退化、毛皮质量下降；二是由于公、母兔在一起饲养，使公兔整日追逐母兔而过多消耗体力，配种次数过多，精液品质降低，导致受胎率低和产仔数量少；三是公兔与母兔之间易引起争斗致伤，影响毛皮质量和配种；四是容易传播疾病，引起流产。所以，獭兔的商品化生产基本上不再使用这种方式。

2. 人工辅助交配

人工辅助交配是目前獭兔生产中普遍采用的配种方法。就是将公、母兔分笼进行饲养，在母兔发情期间，将公兔放入笼内进行配种。此法与自然交配相比，更能有效地进行选种选配，避免了近

亲交配的行为，有效地提高了兔群的质量。这种方法能合理地安排配种次数，使种公兔保持持久的性机能，延长种兔的使用年限，在管理上有效防止疫病传播。目前，这种方法被广大养殖户普遍采用。

3. 人工授精

人工授精是獭兔配种的一种新兴技术，它可以充分利用优良种公兔的种用价值，提高受胎率，有利于迅速改进兔群质量，减少疾病传播，减少公兔的饲养量，节省饲料，提高经济效益，是集约化、规模化獭兔场最科学的一种配种方法。

二、配种时间和技术的把握

一般来说，种兔交配时间以清晨、上午或晚间饲喂后为最好。公兔交配：1 天以 1～2 次为宜，如果 1 天交配 2 次，则 2 天后必须间隔休息 1 天。公、母兔交配完，立即在母兔屁股上用力拍一下，母兔后体一紧张，即可将精液深深吸入。母兔在第 1 次交配后的 8～10 小时再复配 1 次，可使母兔的输卵管内在较长时间保持有活力强的精子，使卵巢先后排出的卵子增加受精的机会，提高母兔的受胎率。

三、在配种时的注意事项

第一：配种必须在公獭兔笼内进行，以防环境改变，公獭兔对新环境不适应，导致精力分散而影响配种效果。

第二：配种前对公獭兔、母獭兔进行健康检查，患病期间不参加配种。

第三：长途运输后，病愈不久，注射疫苗的种獭兔不可马上配种。

第四：配种场所要宽敞，提前将食槽水槽取出。踏板如间隙过大，务必垫一木板，以防种獭兔腿卡在里面造成外伤。配种时要保持环境安静，禁止陌生人围观和大声喧哗。

第五：如果母獭兔拒不接受交配或公獭兔对母獭兔不感兴趣，或经过一番爬跨，配种没有成功，要更换一只公獭兔。但需让母獭兔离开公獭兔笼 10 分钟左右，待前只公獭兔的气味散尽后，再放入另一只公獭兔笼内；否则，母獭兔带有前只公獭兔气味，会引起

另一只公獭兔的误会。不但不能顺利交配，还有可能把母獭兔咬伤。

第六：配种之后如发生母獭兔排尿，应立即补配。

第七：应及时填写配种记录，以便确定妊娠诊断和预产的时间。

第八：种公獭兔的配种强度要适宜。壮龄公獭兔一般日配1～2次，连续2～3天休息1天。青年公獭兔和老年公獭兔可减少配种次数。平时要定期对公獭兔的精液品质进行检查，发现问题及时解决，及时淘汰精液品质不良的公獭兔及老龄獭兔。

第九：种獭兔不到配种月龄者，不得交配。

第十：公母种獭兔有较近的血缘关系者，不予交配，严防近交衰退。

第四节　獭兔的繁育方式

母獭兔性成熟以后，就会出现周期性的发情现象。此时，獭兔就可以进行配种繁育了。

一、母獭兔的发情鉴定

1. 成年母獭兔发情时的表现

前肢刨地又爬笼，后肢踏足尿频繁，下颌摩擦料盒，愉快不安食欲减，此时外阴红肿湿润，表明母兔发情，受胎率最高。假如发现外阴呈粉红色，证明还不到配种最佳时期，还需等待；假如发现外阴黑紫色，证明配种最佳时期已过；假如外阴大红色，此时为配种的最佳时期。

2. 公獭兔的表现

母兔进了公兔笼，公兔追逐跑两圈，母兔抬臀迎公兔，公兔爬跨一瞬间。若公兔是射了精，臀部滑落倒一边，躺下休息数秒钟，爬起顿足又叫唤，确定母獭兔发情。

二、母獭兔的繁殖方式

母獭兔发情后，就可以配种了，獭兔也就进入了繁殖阶段。目前，獭兔的繁殖方式有频密繁殖、半频密繁殖和延期繁殖三种

方式。

1. 频密繁殖

也称血配，即在母兔产后 24 小时内再次配种，这种繁殖对母兔体况消耗大，影响仔兔成活率。只有在母兔体况好，产仔少时，才会采用这种方法。

2. 半频密繁殖

即在母兔产后 8～15 天，开始检查配种，这是最佳的繁殖，既不影响母兔体况，也可提高繁殖率，但对于体质弱、产仔多时，也不宜采用这种方法。

3. 延期繁殖

即在母兔断奶以后，开始检查配种，这种繁殖一般在母兔体质弱、产仔多时使用。

第五节　提高獭兔繁殖力的主要措施

提高獭兔繁殖率是养殖场获得优质兔源主要方式，也是保证养殖户经济效益的主要途径。所以，养殖户需要从以下几个方面提高獭兔的繁殖能力。

一、掌握最佳发情期，适当配种

养殖户需经常观察母兔外阴颜色变化，确定其发情最佳期。一般来说，白色表示未发情；淡红色略带水肿为发情初期；深红色有水肿为发情中期到高峰期；紫红有高度水肿为晚期。一般以深红为最佳发情配种期。

二、提高繁殖密度

一般养兔场仔兔多数在 40～45 日龄断奶，然后母兔进行再次配种，所以，1 年只能繁殖 4～5 胎，繁殖速度很慢。如果饲养管理条件较好，可实行频密繁殖或半频密繁殖，以提高其繁殖密度。频密繁殖因配种时间距分娩产仔时间较短，故这种配种俗称“血配”，就是在母兔产后 1～3 天内进行配种，可使繁殖间隔缩短20～30 天，每年可繁殖产仔 8～10 胎；半频密繁殖是指母兔在产后

12～15 天内配种，可使繁殖间隔缩短 8～10 天，每年可增加繁殖胎次 3～4 胎。应当指出的是，母兔血配后，由于哺乳和妊娠同时进行，因而对营养物质的需要量很大，在饲料数量和质量上一定要满足母兔本身及泌乳和胎儿生长发育的需要。另外，对母兔必须定期称重，如发现体重明显减轻时，就要停止进行下一次血配。由于采用频密繁殖之后，种兔的利用年限缩短，一般不超过 1.5～2 年，自然淘汰率较高。所以，一定要及时更新繁殖母兔群，对留种的幼兔必须加强饲养管理。

三、改进配种方法

采用重复配种或双重配种，可明显提高母兔的受胎率和产仔数。

1. 重复配种

是指第一次配种后间隔 4～6 小时，再用同 1 只公兔交配 1 次。

2. 双重配种

是指 1 只母兔连续与 2 只公兔交配，中间相隔时间不超过20～30 分钟。

双重配种，可使母兔受胎率提高 10%～20%，产仔数增加 1～3 只。值得注意的是，采用双重配种时，应在第 1 只公兔交配后及时将母兔送回原笼，待公兔气味消失后，再与第 2 只公兔配种。否则，因母兔身上有其他公兔的气味而引起争斗，不但不能顺利配种，还可能咬伤母兔。

四、采用人工催情

有些母兔因长期不发情或拒绝交配而影响繁殖，尤其是秋季和冬季。为使母兔发情配种，除改善饲养管理外，还可采用人工催情的方法。

1. 激素催情

促使母兔发情排卵的激素，主要有脑垂体前叶分泌的促卵泡生成素（FSH）、促黄体生成素（LH）及胎盘分泌的绒毛膜促性腺激素（HCG）、孕马血清促性腺激素（PMSG）等。

① 促卵泡素 0.6 毫克，1 次肌内注射，每日 2 次，连用 2 天，

有效率达90%。

② 绒毛膜促性腺激素催情，每只母兔每次用40万～60万单位，1次肌内注射，用药1次即可，有效率达90%以上。

③ 孕马血清促性腺激素，每次每只母兔40万～60万单位，连用2次，有效率达95%以上。

据试验，肌注促卵泡生成素（每日2次，每次0.6毫克/只），静脉注射促黄体生成素（每次10单位/只），肌注绒毛膜促性腺激素（每次50～100单位/只）或孕马血清促性腺激素（每次肌注40单位/只），一般都可使母兔的发情率达到70%～90%，受胎率达到65%～70%，平均每胎产仔数为4～6只。

2. 性诱催情

（1）公兔催情法　将母兔放入公兔笼内，让公兔追逐爬跨母兔，刺激母兔发情，一般上午催情下午就可交配。

（2）按摩催情法　用手轻轻按摩母兔外阴部10～20分钟，5～6小时后就可进行交配。

（3）拍阴催情法　在母兔交配前，用左手提起母兔尾巴，右手快速拍其阴部，使母兔产生交配时的感觉，直到母兔自愿举尾时，立即送入公兔笼中交配。

（4）光照催情法　秋冬季日照时间较短，如果使母兔每天光照时间达到14～16小时，就能有效地促进母兔发情。

（5）麦芽催情法　小麦发芽2～3天后，将麦芽拌入精料中饲喂母兔，每日2次，每次20～30克，连喂3天后母兔便会发情。但麦芽有回乳作用，故不可用来喂哺乳母兔。

（6）胡萝卜催情法　将胡萝卜切成粒状拌入精料中饲喂母兔，每日2次，每次50～100克，两天后母兔便会发情。

3. 中西药催情

① 用2%碘酊涂抹母兔外阴部，可刺激母兔发情，有效率在80%以上。

② 每只母兔每天口服维生素E12丸，连用3～5天，即可发情，有效率达90%以上。

③ 内服中药淫羊藿10克，每日分早晚2次喂给，连用3天，有效率可达95%。

五、配后检查

獭兔交配后仔细观察母兔的动态，配毕迅速放回原笼，若发现母兔立即排尿，应重配；配后 3 天的母兔观察其阴部，如红肿已消退，说明母兔已受胎；若其阴部仍然红肿发紫，则说明第 1 次交配仅起到催情的作用。应抓住有利时机，再次交配，易怀孕受胎。

第十一章　獭兔的预防接种

獭兔的免疫接种是养殖户预防疫病、维持健康生产、获得稳定效益的有效途径之一。养殖户在正常的生产过程中，必须根据獭兔的疫病发生发展规律，科学地制定免疫程序，严格防疫措施，才能够有效地完成獭兔的商品化生产。

第一节　獭兔疫苗使用程序的制定

实施程序化免疫接种，是预防獭兔疫病最有效、最关键的措施之一，对规模化獭兔场来说，更应重视。每一个兔场，都要有适合本场特点的免疫程序，一般在制定免疫程序时应考虑以下几方面的因素：当地獭兔疾病的流行情况及严重程度；母源抗体的水平；上次免疫接种引起的残余抗体的水平；獭兔的免疫应答能力、免疫的种类、免疫接种的方法；各种疫苗接种的配合；免疫对獭兔健康及生产能力的影响等。以下是某规模养殖场的疫苗使用程序及方法。

一、大肠杆菌多价灭活苗

仔兔 20 日龄时每只皮下注射 1.2～2.0 毫升。

二、兔瘟蜂胶苗

兔瘟蜂胶苗，即兔病毒性出血症（兔瘟）灭活菌苗。

① 仔兔 40 日龄每只皮下注射 1.5 毫升（初免）。

② 仔兔 60 日龄每只皮下注射 1.0 毫升（作为加强免），以后每隔 6 个月，皮下注射 1.5 毫升（包括母兔、种公兔）或用三联苗（兔瘟、巴氏、魏氏）每只皮下注射 2 毫升。

三、兔多杀性巴氏杆菌病灭活疫苗

仔兔 40 日龄每只皮下注射 1 毫升（或巴、波二联苗 2 毫升），以后每 4 个月注射 1 次（包括种公兔、种母兔，剂量同上）。

注意：防疫时要与兔瘟疫苗隔开注射，一般间隔 7～10 天。

四、兔产气夹膜魏氏棱菌灭活疫苗

仔兔 70 日龄每只皮下注射 2 毫升，以后每隔 6 个月注射 1 次，每次 2 毫升。

五、葡萄球菌灭活苗

种兔 80 日龄时，每只皮下注射 2 毫升，以后每隔 6 个月注射 1 次（包括种公兔、种母兔）。

第二节 獭兔疫苗的免疫接种

獭兔生长发育旺盛，对传染病的抵抗力很弱。如兔瘟、巴氏杆菌病等许多传染病，严重威胁着獭兔的生命和健康。通过给獭兔免疫接种，可以有计划、有步骤地提高和增强机体抵抗疾病的能力，防止疫病的发生。

一、免疫接种的基础知识

为确保兔群健康，免疫计划必须根据养殖场所处的环境条件设定。同时，还要注意以下几方面内容。

① 獭兔免疫后需进行血清学检查以确保疫苗有效地发挥作用，免疫程序须定期调整，任何变更（免疫所用疫苗量的增减、免疫时间和方法）必须经得专业兽医批准。

② 在疫苗接种以前，必须认识到獭兔的卫生管理是防止疾病发生的基本条件。实行健全的卫生管理制度，结合有效的预防和治疗措施，才能减少病原的感染和疾病的发生。

③ 对于病毒性疾病和某些细菌性疾病，是通过疫苗免疫接种来控制其流行的。通常使用的疫苗有两种，即弱毒活疫苗和灭活疫苗。

④ 制定免疫接种计划是一个科学、细致、难度很大的工作，由于各地区养殖场的规模、饲养方式、技术设备条件、疫病流行情况均不相同，所以，各个养殖场必须根据免疫预防的一般原理和本场具体情况而制定免疫计划，使之科学、有效、经济、可靠。

二、免疫接种的注意事项

① 遵守疫苗生产厂家的使用说明，贮存并使用疫苗。对所用

的每一种疫苗的生产日期、类型、使用说明、生产厂家、产品系号及失效日期做好记录。

② 同一栋兔群要用同一厂家、同一批号的疫苗。

③ 任何时候疫苗都应该避免阳光的直接照射。

④ 所用疫苗在配制后 1 小时之内使用完毕。

⑤ 为兔群提供充足的饮水空间。

⑥ 任何时候免疫器具均使用塑料器具，禁止使用金属器具。

第三节　免疫预防失败的原因及对策

近几年来，随着獭兔生产规模的不断扩大，兔病种类发展演化日趋严重复杂，特别是一些严重传染病（如兔病毒性出血症、多杀性巴氏杆菌病、产气荚膜梭菌病、球虫病等），使用疫苗后，仍会时常发生疫病，给生产带来严重的经济损失。为此，我们必须提高认识，采取有效措施，积极应对，力求养兔生产健康发展。

一、免疫预防失败的原因

1. 疫苗质量引起的免疫失败

市场上正在使用的兔用疫苗品种不下 10 多种，但国家批准生产的仅 7 种（兔病毒性出血症灭活疫苗、多杀性巴氏杆菌病灭活疫苗、獭兔产气荚膜梭菌病灭活疫苗、兔病毒性出血症—多杀性巴氏杆菌病二联灭活疫苗、兔多杀性巴氏杆菌病—波氏杆菌病二联灭活疫苗）。除此之外，市场上非法产品盛行，只要说要什么苗，很快就会有苗销售，如波氏杆菌苗、大肠杆菌苗、大肠魏氏二联苗、兔瘟魏氏二联苗、兔瘟巴氏魏氏三联苗、球虫苗等。其中，以生产兔瘟苗及其联苗的最多。非法生产者往往根据销售商的需要，将兔瘟单苗贴上兔瘟—巴氏二联苗，兔瘟—魏氏二联苗，兔瘟—巴氏—魏氏三联苗标签销售给用户。由于市场上疫苗质量鱼龙混杂，购买者往往有贪图便宜的心理，经不住诱惑，听信销售商的介绍，使用了劣质疫苗，免疫效果自然是不言而喻的。总之，采购疫苗，一定要到国家指定的定点机构购买。

2. 免疫程序不科学引起的免疫失败

任何疫苗都有使用范围、免疫期。同一种动物，不同日龄对疫

苗免疫后产生的免疫反应也不一样。针对獭兔养殖，由于饲养的目的不同，对免疫期的要求也不一样。因此，要根据养殖单位自身的特点和各种疫苗的特性，制定合理的免疫程序。如30～40日龄幼兔对兔病毒性出血症灭活疫苗免疫反应与成年兔不同，按常规注射1毫升兔病毒性出血症灭活疫苗，成年兔可以达到6个月的保护期；而30～40日龄的幼兔不能产生有效的免疫力或维持时间很短。为此，很多人对此不理解，误认为大兔打1毫升，小兔只要打0.5毫升，就会有效果，结果小兔打了疫苗后仍会发病。试验结果表明，30～40日龄幼兔注射兔瘟苗1毫升仍不能产生较强的免疫，而注射2毫升才有较好的保护效果，但不能长时间的维持免疫效果，还必须在60～65日龄再加强免疫1次，每只注射1毫升，以保证有6个月的免疫期。而成年兔要求每年注射2次，才能获得较为理想的免疫效果。

3. 疫苗贮藏保管不当引起的免疫失败

目前，我国生产的兔用疫苗都是灭活苗，对温度的保存要求是2～8℃，需存放在冰箱的保鲜室中，其中兔瘟疫苗的保存期限为1.5年，其他疫苗则为1年。虽然，灭活疫苗并不像活疫苗那样在较高温度下很快失效（灭活疫苗在25℃以下避光保存1～2个月，其效果也不会有影响），但长期保存应注意保存的方式，短期保存也应尽可能放在避光、阴凉处。另外，值得注意的是：兔用灭活疫苗不能冷冻，以免造成疫苗的免疫效力下降，更不要使用超过保质期的疫苗。

4. 獭兔自身体质不同引起的免疫失败

注射疫苗是为了让动物体自身产生抗体，从而达到在一定时期内避免发生某种疫病的目的。由于动物本身存在着个体差异，同样的疫苗、同样的剂量，不同的动物所产生的特异性反应强弱不同。而不同饲养场的动物体质也不一样，特别是目前情况下，养兔生产技术水平普遍较低，技术管理更是参差不齐，其免疫效果难以得到充分体现。例如：一些兔场30日龄断奶仔兔只有0.25～0.35千克，断奶后饲料质量跟不上，致使兔群整体状况不佳，免疫注射效果自然不会很好；有些养殖场本身就已经发生疫病或处在疫病的潜伏期，由于管理者的疏忽，注射疫苗后不但没有效果，而且还会加快兔体发病。所以说，注射疫苗的兔体必须要达到生长要求，必须是健康的。

5. 疫苗使用不当引起的免疫失败

兔用灭活疫苗多为混悬液，静置后会很快沉淀，下沉的部分主要是抗原，如不混匀的话，各兔注射的抗原量多少不一，会出现同批兔免疫效果差异。特别需要提醒的是，一些规模大的单位，用连续注射器注射，装疫苗的瓶较大，很容易产生上述现象。所以，操作者在疫苗注射过程中要经常摇动瓶子，以保持液体均匀度。但也有是由于使用者操作不当造成的，如注射疫苗时，针头只扎进皮肤，自然就没有理想的免疫效果。

二、药物预防失败的原因

在日常饲养管理中，用药物预防的兔病主要是球虫病。经常出现用了抗球虫药，还会发生球虫病。原因主要有以下几点。

1. 假药造成的预防失败

由于兽药市场无序竞争，随着价格不断下降，质量也不容乐观，加上一些不法商人利欲熏心，假药充斥市场的现象大家都清楚。假药主要是有效药物含量不足，按正常药量添加起不到预防球虫病的作用，结果造成预防失败。

2. 预防程序不科学造成的预防失败

有人认为兔球虫病多发生于气温高的梅雨季节，对于冬天或气温较低的地区，球虫病发生较少，故不用药物预防球虫病。或者是用一段时间停一段时间，结果因不能长期维持足够的药物有效浓度，而导致兔发生球虫病。

3. 添加量不足造成的预防失败

用药物预防球虫病时，就需要獭兔体内有足够的药物浓度杀死球虫。在正常情况下，饲料中的药物浓度或配药比例是正常的，但由于天气突变或一些养殖场草、料混喂，造成兔采食药物的量下降，导致体内药物浓度不足而不能有效地控制球虫病。

4. 药物混合不匀造成的预防失败

一些抗球虫药用量极低，如地克珠利，正常添加量仅为 1 毫克/千克饲料，相当于 1 吨饲料中加 1 克原粉，如果没有特殊的设

备，是无法混合均匀的，当然就会影响预防效果。一些较大规模的兔场为降低成本，买原料药直接加在饲料中做成颗粒料喂兔，因制作过程破坏或降低了药物的效果，结果导致预防失败。

三、预防失败的对策

在养殖业中，疫病的发生是不以人们的意志为转移的，但对于能够控制而未能很好控制的疾病发生，应该是管理者的责任。为了帮助养殖者更好地从事獭兔生产，笔者根据多年的临床经验，结合多个临床预防失败的案例，特提出以下预防参考建议。

1. 提高管理水平

上述的种种现象的出现，归根结底是管理者的管理不到位。只要饲养者加强饲养管理，严格按着预先制定的免疫程序操作，平时注意卫生和消毒等工作，就能有效地预防和控制疫病的发生，提高獭兔的成活率，增加养殖效益。

2. 加强技术交流

总的来说，养兔业的技术水平与猪、鸡相比，水平还是偏低的。况且国家的普及力度又不够，特别是各地方主管业务部门的技术力量重点不在养兔上，对养兔技术的普及影响很大，常常发生将用于鸡、猪的技术概念直接用于兔，结果引起养殖户对养兔认识上的一些误解。所以，獭兔养殖场应该根据自己的实际情况，制定自己的预防免疫程序。如条件有限，可以参考其他单位的成功免疫程序，或请相关人员编写一个实用的程序。只有这样，才能够发展自己的獭兔事业。

3. 正确对待成本

经营者要取得利益是天经地义的，但更需智慧。预防疫病是控制疫病最实际的问题。用质量好的疫苗和药物，虽然成本较高，但占总成本的比例却很低。但如果因此发病死亡率下降 1%～2%，所有用于预防的成本就全部节省下来了，况且用伪劣产品常常会造成突发事件，往往会给养殖者造成重大损失。

四、对另类预防失败的说明

预防失败往往会给养殖者带来严重的损失，但有些预防失败是

由人为因素造成的。例如使用兔多杀性巴氏杆菌病灭活苗后，鼻炎、结膜炎等症状仍有发生，常被误认为是免疫失败。而实际上兔多杀性巴氏杆菌病灭活苗对兔急性巴氏杆菌病有较好的免疫力，但对于慢性巴氏杆菌病免疫效果不理想；再加上鼻炎、结膜炎等是由多种病原体感染造成的，单一的一种疫苗效果当然有限。又如打了兔产气荚膜梭菌病灭活苗，还会有急性腹泻死亡，殊不知，獭兔急性腹泻的原因很多，不是一种疫苗就能解决的问题。再如有时候明明使用的是正规厂家的抗球虫药，依然会发生球虫病。其实这不是药本身的问题，主要是由于球虫对某种药物产生了耐药性，需要增加用药量或更换其他药物。因此，养殖者对疫病的控制应具体问题具体分析，找出真正的原因，拿出切实可行的方案，才是解决问题的关键。

第四节　饲养与防治的辩证关系

在獭兔生产实践中，兔场无论大小，养兔无论多少，都回避不了饲养与防治、预防与治疗、早治与晚治、治里与治表、治本与治标的平衡辩证关系问题，这 5 种辩证关系是指导养殖者从事獭兔安全生产的法宝。

一、饲养与防治的辩证关系

办养兔场是以养兔为主，还是以治兔为主？回答肯定是：办养兔场是以养好兔为主，而不是以治好兔为主。有许多兔场主办人是兽医师，可是兔没养好，兔场倒闭了。相反，许多非兽医人员却把兔场办成功了。究其原因是：有的兽医人员自以为有知识，轻视了饲养，被动地偏重于疾病防治，日积月累，养出了 90％以上的病兔，再手忙脚乱地去治，那是不会有好结果的。而有些非兽医人员，虚心好学，一点一滴地做好日常饲养工作，兔群健康，发病率低。所以兔场和养兔户，要把重点放在科学饲养方面，并应把饲养、繁殖与防治工作统一起来，做到饲养人员也是防治人员，把饲养与防治纳为一体。

二、预防与治疗的辩证关系

我国对家兔疫病的贯彻方针是“预防为主，治疗为辅，防重于

治，防治结合”，明确地把预防放在首位，把治疗放在辅助位置——重视预防，结合治疗。目前，獭兔的许多疾病特别是病毒性出血症（兔瘟），要以预防为主，坚持每 6 个月注射 1 次兔瘟疫苗。其他病如毛球病、球虫病，也是预防好于治疗，患毛球病和球虫病是难以治好的，有的治好了也越后不良。因此，要经常对兔群进行免疫，达到良好的健康水平。

三、早治与晚治的辩证关系

獭兔患病后，从发病到死亡都有过程（早期、中期、晚期），兔病应早期诊治，早期治疗。獭兔在患病初期，体质下降程度不大，病情也不严重，只要投药就有效果，治愈率高，恢复性快。如兔肺炎、乳腺炎等患病初期，在肺功能还没有严重损害、乳汁尚未变成硬块，对症治疗可以痊愈；一旦肺功能严重损害，乳汁变成硬块，再有良药和高超技术，也很难治好。所以，对病兔宜早诊治。

四、治里与治表的辩证关系

兔病诊断要由表及里，全面分析；兔病治疗也应表里结合，采取有效的综合治疗措施，注重消灭病原，从体内到体外，从整体到局部，方可取得良好的疗效。如兔传染性鼻炎的治疗，应采用抗菌素药液滴鼻，治疗消除鼻炎的表面症状，同时注射磺胺嘧啶钠等，内服解热去痛药，在消炎、解热、抗菌三个方面都起到很好作用。又如兔螨病，患部每天用 3%敌百虫蜡液洗刷，连续 7 天，或配合内服驱虫药效果显著、彻底，治疗期限可缩短。

五、治本与治标的辩证关系

兔病有诱发的因素，就像事物中的因果关系一样。家兔胃肠疾病的发生与饲料、饮水、饲草以及食具、笼具等污染有关。如腹泻病大批发生，必须查明发病原因，及时更换变质饲料或清除饮用的污水，彻底消毒食具，从根本上改善饲养条件，消除病因，并配合抗菌、收敛药物治疗，才能取得良好的效果。相反，若不从改善饲料和笼具、食具卫生等饲养条件着手，不结合恢复胃肠功能的饲养管理措施，腹泻病是治不好也是治不完的。

上述五个辩证关系，不仅在獭兔饲养中存在，而且在其他家兔

饲养中也同样存在。这是修正家兔生产中普遍容易发生的问题，特别是乡村养兔场户存在较多，它反映了家兔生产中的指导思想。目前，养兔者尚未完全认识和处理好这些关系，使养兔业走了不少弯路。为此，了解和掌握饲养与防治的辩证关系，是提高獭兔养殖利润的主要途径。

第十二章　獭兔的饲养管理

商品獭兔的饲养周期一般为4～5个月，这段时间饲养管理的好坏，直接影响獭兔生产者的经济效益，对于以取皮为主的獭兔生产来说，做好獭兔的生产管理工作是相当重要的。

第一节　獭兔饲养管理的一般原则

獭兔和其他家畜一样，其饲养管理也有一定的规律和原则，只有遵循这些规律和原则，才有可能更好地发挥其内在的生产潜力。具体规律和原则如下。

1. 坚持以青粗料为主，以精料为辅

獭兔为单胃草食动物，饲料应以青粗料为主，营养不足部分，用精料补充。青粗料应占日粮的70％～80％，混合精料占20％～30％。

2. 多种饲料合理搭配，保证全价营养

由于獭兔新陈代谢旺盛、生长快，因此需要有充分的营养供给。日粮应由多种饲料组成，进行科学合理搭配，使日粮养分趋于平衡、全价。解决单一饲料或单喂禾本科饲料营养成分单调、缺乏的问题，以提高饲料的利用率。

3. 要喂新鲜优质饲料，促进消化，预防疾病

獭兔喜食新鲜清洁的饲料，而食用劣质或变质的饲料后，一是会造成营养供给不足；二是变质饲料容易使兔发病，轻者影响生长发育，重者会造成经济损失。

4. 调换饲料，逐渐增减

一般夏、秋季节青绿饲料充足，冬、春季节则以干草、块根、块茎类饲料较多。改换饲料时，不能突然更换，要采取逐渐增多新换料、同时逐渐减少原来料的措施，使獭兔有一个适应过渡期，以免造成应激，出现消化不良。

5. 定时定量、少喂勤添

要固定每日的饲喂时间，并根据獭兔的年龄、生理状态、季节等不同特点，规定每日的饲喂量标准，少喂勤添，使獭兔在短时间内吃净槽中的饲料，既保持旺盛的采食力，又能减少饲料浪费。

6. 夜间喂料，注意饮水

獭兔具有昼伏夜动的习性，夜间采食和饮水量约占一昼夜的70％。特别是昼短夜长的冬季，更应在夜间加一次粗饲料，以满足獭兔对能量和其他营养物质的代谢需要。水是生命所必需的一种营养物质，不论幼兔、妊娠兔或哺乳兔，都需要及时供给清洁的饮水，冬季最好饮温水，夏季高温天气要保证供给充足的饮水，以满足獭兔代谢需要。

第二节　规模獭兔场的饲养方式

不管采用何种饲养方式，都应以符合獭兔的生活习性、方便日常饲养管理和能获得较高经济效益为前提。多种饲养方式中以笼养最适合獭兔养殖。生产方式、场地、笼具及饲养环境是生产优良商品兔皮的重要条件。

一、圈养的方式

目前，市场上的獭兔按其圈养方式分笼养和散养两种，而笼养是獭兔规模化经营的主要方式。

1. 笼养

将獭兔关在笼子里饲养，这是獭兔饲养方式中最好的一种，国内外的獭兔场和养兔大户都采用这种饲养方式。其优点是：獭兔的生活环境可人为加以控制，饲喂、繁殖和防疫等管理较为方便，有利于兔的繁殖改良、生长发育，并能较好地防止疫病传染，对提高獭兔的生产性能和产品质量极为有利，其缺点是造价太高，饲喂和打扫卫生等较费工。

兔笼有舍内和舍外两种，兔笼摆放的形式分单个或成列排放，有单层或多层组装。其中多层组装能很好地利用空间，是规模养殖场普遍采取的形式。

（1）室内笼养　就是将獭兔笼陈列在房舍内饲养兔子。这种方式在夏季容易防暑，冬季易防寒，雨季易防湿，平时易防敌害，各地均可采用。

（2）室外笼养　就是露天陈列兔笼，笼顶设盖，笼内养兔。这种方式通风好，但防暑、防寒、防雨和防敌害效果不及室内笼养。

2. 散养

散养是不以皮毛经营为主要目的的部分农村个体或作为肉用、观赏使用或原种保护所使用的养殖方式，也叫群养或放养。由于獭兔是以皮毛作为商品生产为主要目的，不适合散养，故规模养殖场一般不采取这种方式。

二、饲喂方式

獭兔的饲喂方式有两种，一种是自由采食，另一种为限量采食。自由采食就是对獭兔的采食不进行限制；而限量饲喂则对獭兔实行日粮定量。其中自由采食方式很适合哺乳母兔、仔兔；但对种用生长兔均应采用限量饲喂 10～12 周，以免配种时因过肥而影响繁殖性能。目前农户养獭兔多采取混合饲喂方式，即粗饲料采取自由采食，补充饲料采用限量饲喂。这种饲喂方式既能满足獭兔的营养需要，又能减少饲料浪费，降低生产成本。

三、饲喂顺序

高水平的獭兔饲喂是有顺序的，一般来说先饲喂易消化的青绿饲料，然后饲喂精料，夜间则饲喂干草等粗饲料。但在每日的总饲料中，精料分两次饲喂，青绿饲料分 2～3 次饲喂，夜间喂干草。我国群众在长期的生产实践中总结出獭兔的饲喂经验是：**早晨喂得早，中午吃得好，晚间吃得饱，夜间加夜草。**

第三节　种公兔的饲养管理

公兔饲养管理的好坏，直接影响配种和精液质量，继而影响其后代的生长发育。而养好种公兔，在于提高公兔的配种能力，增加繁殖数量、提高后代品质。为此，在饲养管理上应做到以下几点。

一、单兔饲养

禁止两只种公兔同笼饲养，也不应将种公兔与母兔或其他兔同笼饲养，最好公兔笼要远离母兔笼，以保证公兔休息，减少体力消耗。

二、调制好饲料

饲料的好坏直接影响到精液的品质。

1. 配种期

应在配种前 20 天，开始供给富含蛋白质、矿物质、维生素的饲料，如鱼粉、豆饼、大麦芽、胡萝卜等，蛋白质水平应达 16%～17%、粗脂肪 3%、粗纤维 13%～14%，对青年兔还可适当高些，切忌喂给适口性差、容积大、水分过多或难以消化的饲料，以免造成腹部过大，或消化不良而抑制公兔的性活动。

2. 非配种期

种公兔在非配种期，应给予中等饲养水平，保持体质健壮，以不肥不瘦为好。体质过肥或过瘦，均会影响其性欲和配种能力。公兔精液质量的优劣与饲料的营养价值有直接关系。

三、加强运动，适当沐浴

笼养公兔要定期运动，至少每周要运动 2 次，每次运动 1 小时左右。若舍内阳光不足，则应定期把公兔放在阳光充足的场地上，以增强体质和提高性欲。

四、控制配种次数

体质强健的壮年公兔，每天配种 1 次，连续 3 天停用 1 天；体质一般的公兔，可配种 1 天，休息 1 天，或连续配种 2 天，休息 1 天。

五、做好记录

种公兔要有配种记录，来鉴定公兔后代的生产性能，以便选出优良的后代，留作种用。

第四节 种母兔的饲养管理

对于獭兔生产者来说，要想获得较好的经济效益，就必须有比较丰富的优质种源，而母兔是获得优质种源的主要方式。所以，做好母獭兔的饲养管理工作是相当重要的。

一、空怀母兔的饲养管理

母兔空怀期即是指仔兔断奶到母兔再次配种怀孕的一段时期。

1. 空怀母兔的生理特点

空怀母兔由于在哺乳期消耗了大量养分，身体比较瘦弱，所以，需要各种营养物质来补偿以提高其健康水平。休闲期一般为10～15天。如果采用频密繁殖法则没有休闲期，仔兔断奶前配种，断奶后母兔就已进入怀孕期。

2. 空怀母兔的饲养

饲养空怀母兔营养要全面，在青草丰富季节，只要有充足的优质青绿饲料和少量精料就能满足营养需要。在青绿饲料枯老季节，应补喂胡萝卜、青贮等多汁饲料，也可适当补喂精料。空怀母兔应保持七八成膘的适当肥度，过肥或过瘦的母兔都会影响发情、配种，要调整日粮中蛋白质和碳水化合物含量的比例，对过瘦的母兔应增加精料喂量，迅速恢复体膘；对过肥的母兔要减少精料喂量，增加运动。

3. 空怀母兔的管理

对空怀母兔的管理应做到兔舍内空气流通，兔笼及兔体要保持清洁卫生，对长期采不到光线的兔子要调换到光线充足的笼内，以促进机体的新陈代谢，保持母兔性机能的正常活动。对长期不发情的母兔可采用异性诱导法或人工催情。

二、怀孕母兔的饲养管理

母兔怀孕期就是指配种怀孕到分娩的一段时期。母兔在怀孕期间所需的营养物质，除维持本身需要外，还要满足胚胎、乳腺发育和子宫增长的需要。所以，需消耗大量的营养物质。据测定，体重

3千克的母兔，胎儿和胎盘的总重量可达650克以上。其中，干物质为16.5%，蛋白质为10.5%，脂肪为4.5%，无机盐为2%。21日胎龄时，胎儿体内的蛋白质含量为8.5%，27日龄时为10.2%，初生时为12.6%。与此同时，怀孕母兔体内的代谢速度也随胚胎发育而增强。

1. 怀孕母兔的饲养

怀孕母兔的饲养上主要是供给母兔全价营养物质。根据胎儿的生长发育规律，可以采取不同的饲养水平。但是，怀孕母兔如果营养供给过多，使母兔过度肥胖，也会带来不良影响，主要表现为胎儿的着床数和产后泌乳量减少。据试验：在配种后第九天观察受精卵的着床数，结果高营养水平饲养的德系长毛兔胚胎死亡率为44%，而正常营养水平饲养的只有18%。所以，一般怀孕母兔在自由采食颗粒饲料情况下，每天喂量应控制在150～180克；在自由采食基础饲料（青、粗料）、补加混合精料的情况下，每天补加的混合精料应控制在100～120克。怀孕母兔所需要的营养物质以蛋白质、无机盐和维生素为最重要。蛋白质是组成胎儿的重要营养成分，无机盐中的钙和磷是胎儿骨骼生长所必需的物质。如果饲料中蛋白质含量不足，则会引起死胎增多、仔兔初生重降低、生活力减弱。无机盐缺乏会使仔兔体质瘦弱，容易死亡。所以，保持母兔怀孕期、特别是怀孕后期的适当营养水平，对增进母体健康，提高泌乳量，促进胎儿和仔兔的生长发育具有重要作用。

2. 怀孕母兔的管理

母兔从配种怀孕到分娩共需30天时间，这个时期的管理工作主要是做好护理，防止流产。母兔流产一般发生在怀孕后15～25天内。引起流产的原因可分为机械性、营养性和疾病等。机械性流产多因捕捉、惊吓、不正确地摸胎、挤压等引起。营养性流产多数由于营养不全，突然改变饲料，或因饲喂发霉变质、冰冻饲料等引起。引起流产的疾病很多，如巴氏杆菌病、沙门杆菌病、密螺旋体病以及生殖器官疾病等。为了杜绝流产的发生，母兔怀孕后要1兔1笼，防止挤压；不要无故捕捉，摸胎时动作要轻；饲料要清洁、新鲜；发现有病母兔应查明原因，及时治疗。管理怀孕母兔还需做好产前准备工作，一般在临产前3～4天就要准备好产仔箱，清洗

消毒后在箱底铺上一层晒干敲软的稻草。临产前1～2天应将产仔箱放入笼内，供母兔拉毛筑巢。产房要有专人负责，冬季室内要防寒保温，夏季要防暑防蚊。

三、哺乳母兔的饲养管理

母兔自分娩到仔兔断奶这段时期称为哺乳期，一般为35～45天。母兔哺乳期间是负担最重的时期，饲养管理得好坏对母兔、仔兔的健康都有很大影响。母兔在哺乳期，每天可分泌乳汁60～150毫升，高产母兔可达200～300毫升。兔奶除乳糖含量较低外，蛋白质和脂肪含量比牛、羊奶高3倍多，无机盐高2倍左右。据测定，母兔产后泌乳量逐渐增加，产后3周左右达到泌乳高峰期，之后，泌乳量又逐渐下降。

1. 哺乳母兔的饲养

哺乳母兔为了维持生命活动和分泌乳汁，每天都要消耗大量的营养物质，而这些营养物质，又必须从饲料中获得。所以饲养哺乳母兔必须喂给容易消化和营养丰富的饲料，保证供给足够的蛋白质、无机盐和维生素。如果喂给的饲料不能满足哺乳母兔的营养需要，就会动用体内贮藏的大量营养物质，从而降低母兔体重，损害母兔健康和影响母兔产奶量。饲喂哺乳母兔的饲料一定要清洁、新鲜，同时应适当补加一些精饲料和无机盐饲料，如豆饼、麸皮、豆渣以及食盐、骨粉等，每天要保证充足的饮水，以满足哺乳母兔对水分的要求。饲养哺乳母兔的好坏，一般可根据仔兔的粪便情况进行辨别。如产仔箱内保持清洁干燥，很少有仔兔粪尿，而且仔兔吃得很饱，说明饲养较好，哺乳正常。如尿液过多，说明母兔饲料中含水量过高；粪便过于干燥，则表明母兔饮水不足。如果饲喂发霉变质饲料还会引起下痢和消化不良。有的兔场采用母兔与仔兔分开饲养，定时哺乳的方法，即平时将仔兔从母兔笼中取出，安置在适当地方，哺乳时将仔兔送回母兔笼内。分娩初期可每天哺乳2次，每次10～15分钟，20日龄后可每天哺乳1次。这种饲养方法的优点是：可以了解母兔泌乳情况，减少仔兔吊奶受冻；掌握母兔发情，做到及时配种；避免母仔抢食，增强母兔体质；减少球虫病的感染机会；培养仔兔独立生活能力。

2. 哺乳母兔的管理

哺乳母兔的管理工作主要是保持兔舍、兔笼的清洁干燥，应每天清扫兔笼，洗刷饲具和尿粪板，并要定期进行消毒。另外，要经常检查母兔的乳头、乳房，了解母兔的泌乳情况，如发现乳房有硬块，乳头有红肿、破伤情况，要及时治疗。

第五节　仔兔的饲养管理

獭兔商品化经营，除了做好母兔的繁殖工作外，提高仔兔的成活率是饲养管理的首要任务，也是养好獭兔的关键环节。

一、睡眠期的饲养管理

1. 饲养

产后 12 天前仔兔未睁开眼为睡眠期。睡眠期的仔兔生长发育很快，应尽量让其吃上奶、吃足奶。特别是母兔产后 1～2 天内分泌的初乳，营养丰富且具有轻泻作用，有利于促进仔兔生长、排尽胎粪，应保证仔兔吃足初乳。此期的仔兔，只要能够吃饱奶、睡好觉，就能保证其正常的生长发育。

2. 管理

仔兔管理中最重要的就是寄养仔兔。生产中常会发生有些母兔产仔多，有些母兔产仔少的现象。因此，必须做好仔兔的调整寄养工作。一般泌乳正常的母兔可哺育仔兔 6～8 只。寄养方法是：将出生日期相近的仔兔从巢箱中取出，并按体形大小、体质强弱分窝寄养。仔兔管理中具体做到以下几方面。

（1）强制哺乳　有些母兔护仔性不强，尤其是初产母兔，产仔后拒绝哺乳，若不及时处理，会导致仔兔死亡。强制哺乳是将母兔固定在巢箱内，然后将仔兔安放在母兔乳头旁，让其自由吮吸。每天进行 1～2 次，连续 3～5 天后，大多数母兔就会自动哺乳。

（2）人工哺乳　如果出现仔兔出生后母兔死亡、无奶或患乳房炎等疾病不能哺乳，或无合适母兔寄养时，可用牛奶、羊奶或炼乳等代替母乳。

（3）保持温度　仔兔保温箱的温度最好能保持在 15～20℃。

(4) 防止鼠害　将兔笼、兔窝严密封闭，勿使老鼠入内。

二、开眼期的饲养管理

从睁开眼睛到断奶时叫开眼期。有 20 天左右，即占仔兔期的 2/3 时间。所以，抓好这个阶段的饲养管理相当重要。

1. 饲养

开眼后的仔兔生长发育很快，而母乳已开始减少，满足不了仔兔的营养需要，必须及早补料。一般仔兔在 15 日龄左右就会出巢寻找食物，此时就可开始补料，应喂给少量营养丰富且容易消化的饲料，如豆浆、豆渣或切碎的幼嫩青草、菜叶等。20 日龄后可加喂适量麦片、麸皮、玉米粉和少量木炭粉、维生素、无机盐、大蒜、洋葱等，以增强仔兔体质。

2. 管理

① 开始补料时应采取少喂多次的方法，最好每天喂 5～6 次。30 日龄后可逐渐转为以饲料为主，并做好断奶前的准备工作。

② 仔兔开食后最好与母兔分笼饲养，每天哺乳 1 次。

③ 仔兔开食后粪便增多，并会采食软粪。此时，不宜过量喂给仔兔含水分高的青绿饲料，否则易引起仔兔腹泻、胀肚，甚至死亡。

④ 断奶（离乳）：獭兔宜在出生后 35 天即体重 600 克左右离乳，并作分笼处理。从离乳当天起连喂 2 天抗菌素，后停喂 2～3 天，于第 40 天预防接种兔瘟疫苗，有利于提高幼兔成活率。

⑤ 离笼捉兔技巧。保护被毛的完好是捉拿獭兔特别注意的问题，同时还须保护人和兔的安全。

a. 笼内捉兔　右手张开举过兔的头部，拇指和食指间的虎口朝向兔头的前方，全手按住两耳连同颈后皮肤，并握住将兔身提起，腹部朝上，背部朝下，右手向笼门移动，同时左手托起兔的臀部，兔侧面身向外，即安全出笼。

b. 放兔回笼　右手按住兔两耳，连同颈部皮肤握紧，左手托起兔的臀部，双手将兔头朝外尾朝里，送入笼内后，把兔平放，松开双手，兔便安全入笼。

c. 捉兔注意事项　无论什么情况都不要拎着兔耳捉兔，严禁抓毛不抓皮，防止拉扯后肢等野蛮式的捉兔，抱兔时四肢不能对着捉兔人的面部，否则类似不料学的捉兔方法均不能保证人和兔的安全。

第六节　幼兔的饲养管理

一般来说，獭兔仔兔从断奶到 90 日龄的小兔称为幼兔。仔兔断奶后，离开母兔开始独立生活，其环境条件发生了很大变化，此期若饲养管理不当，则直接影响其成活率和幼兔的生长发育，进而影响到整个兔群的质量和数量。因此，要特别做好幼兔的养护。

一、饲养

刚断奶的幼兔，仍应喂给断奶前的饲料，青饲料要新鲜、优质，精饲料要容积小、营养好、易消化吸收，还要注意添喂无机盐，粗纤维含量必须达到饲养标准规定的要求。随着日龄的增长，可逐渐改变饲料的组成，以吃饱为宜，防止幼兔贪食引起消化道疾病。饲料一定要新鲜清洁，饲草要洗去泥沙，晾干后再喂。饲喂时应掌握少喂多餐，每日喂青料 3～4 次，精料 2～3 次。

二、管理

幼兔饲养期是獭兔死亡率较高的时期，其死因一是应激影响，如饲料、笼舍的改变，防疫接种，防病投药等因素引起的应激刺激；二是营养不良，体弱多病或先天不足；三是管理不善，笼舍拥挤、潮湿，饲料霉变等，要提高其成活率，应做到以下几点。

1. 及时进行分群饲养

断奶后的幼兔，可按年龄、体质强弱和性别等进行分群喂养。一般笼养的每笼 4～5 只、舍内圈养的每群 20～30 只为宜（圈养仅适用于商品生产的獭兔）。图 12-1、图 12-2 为幼兔分群和分栏饲养图例。

2. 加强运动

由于幼兔处在生长发育旺盛时期，因此加强运动、多晒太阳，有利于其骨骼的生长和肠胃的蠕动，能促进新陈代谢。一般幼兔从

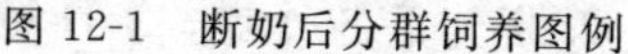
图 12-1　断奶后分群饲养图例

图 12-2　幼兔后期分栏饲养图例

60 日龄开始运动为宜。除雨天外，春、夏、秋季可全天放入运动场，冬季可在中午放出，运动场要设有草架、饲槽、水槽，用于幼兔自由采食。

3. 做好防病工作

每日要细心观察幼兔的采食、精神、粪尿等情况，用以判定幼兔的健康状况。若发现有食欲不振、精神萎靡、眼球发紫、粪便不正常的幼兔，要及时进行隔离饲喂，查找原因，采取措施，消除病因。

4. 注意笼舍卫生

对笼舍要定期进行认真洗刷消毒，保持笼舍清洁、干燥、通风，若笼舍潮湿，应及时进行更换垫草垫料，特别是采用地上圈舍群养的幼兔，更要经常进行清粪、消毒，以消灭各种致病微生物及得球虫病的机会。

5. 留优淘劣

应根据幼兔的生长发育情况，要认真做好兔群的选优去劣工作。根据体尺、体重、外貌等情况，能达到品种要求的，可继续留作种用转入繁殖群，对患有明显缺陷和达不到种用要求的，一律转为商品生产群淘汰掉，同时对病兔要做好及时治疗。

6. 公兔去势

由于獭兔的性成熟在 3～4 月龄，而育肥出栏期在 5 月龄以后，后期群养育肥相互爬跨，影响采食和生长，不便于管理，可采取去

势（阉割睾丸）的方法，一般在 2.5～3 月龄进行。

第七节　商品獭兔的饲养管理

獭兔从 3 月龄到出栏上市为獭兔商品期，也就是獭兔的育肥期。这个时期生长速度的快慢在很大程度上取决于早期增重的快慢，毛囊分化得多少（直接反映的是被毛密度的高低），也与早期增重密切相关。因此，提高断乳体重和断乳到 3 月龄的体重是养好獭兔的最关键时期。一般要求仔兔 30 天断乳重 500 克，3 月龄体重达到 2000 克以上，即可实现 5 月龄有理想的皮板面积和被毛质量。

一、饲养

獭兔的育肥期比肉兔时间长，不仅要求商品獭兔有一定的体重和皮板面积，还要求皮张质量，特别是遵循兔毛的脱换规律、要求被毛的密度和皮板的成熟度。如果仅仅考虑体重和皮板面积，一般在良好的饲养条件下 3.5 月龄可达到一级皮的面积，但皮板厚度、韧性和强度不足，生产皮张的利用价值低。采取前促后控的育肥技术，可以节省饲料，降低饲养成本，而且使育肥兔皮张质量好，皮下不会有多余的脂肪和结缔组织。

1. 前促后控的育肥技术

即从断奶到 3～3.5 月龄满足其营养需要，让兔自由采食，以充分发挥其早期生长发育速度快的特点，挖掘其生长的遗传潜力，多吃快长。此后，则要适当控制营养水平。

2. 营养控制

一是控制饲料的质量，使其营养水平降低，如能降低 10%，粗蛋白质降低 1～1.5 个百分点，仍然采取自由采食；二是控制喂料量，每天投喂相当于自由采食 80%～90% 的饲料，而饲养标准和饲料配方与前期相同。采取这一技术可使商品獭兔皮张质量好，皮下不含多余的脂肪和结缔组织，且可节省饲料，降低饲养成本，提高经济效益。

獭兔生长到 5～6 月龄时，体重大多在 3000 克以上。这时取皮

不但毛皮质优，而且产肉率也高。这就需要按着獭兔生长特点和营养需要提供全价配合饲料。其营养水平一般每千克配合饲料中应含消化能 11.3～11.7 兆焦，粗蛋白质 16%～18%，粗脂肪 3%～5%，粗纤维 12%～13%，钙 0.5%～0.7%，磷 0.3%～0.5%，食盐 0.5%，另外在配合饲料中添加蛋氨酸 0.2%。饲喂时配合饲料和青绿饲料各占一半，任兔自由采食，并供给充足清洁的饮水。

二、管理

1. 采取分笼饲养

为便于生产管理和提高皮张质量，饲养獭兔通常实行分笼饲养。断奶后的小公兔要去势饲养。

2. 搞好清洁卫生

对饲养獭兔的兔舍、兔笼要保持卫生清洁、干燥，每日必须及时清理兔舍污物，防止灰尘飞扬，清理笼舍内的粪便，保持兔舍内空气新鲜，环境清洁卫生。

3. 注意防病治病

要特别做好预防工作，如严重影响兔皮质量的霉菌病、疥癣病、皮下脓肿、脚皮炎等常见皮肤病以及兔虱和跳蚤等体外寄生虫病。每天要注意细心检查，及时发现，进行隔离治疗；对兔瘟、巴氏杆菌病、魏氏梭菌病等传染病，应及时做好预防接种，以杜绝各种传染病的发生。

第八节 獭兔季节性饲养的控制要点

獭兔是一个季节性很强的动物，由于各季节的气候特点不同，对獭兔的饲养管理也应随着条件的变化而变化，这是獭兔科学饲养的内容之一。

一、春季的饲养管理要点

1. 按地区气候特点改进管理

防寒保温兔舍，门窗封好，既要防止冷风侵入，又要保持舍内空气新鲜。

2. 提高体质，适时配种

根据气候变暖，改进饲养，提高体质，提高配种受胎率和产仔成活率。

3. 调制饲料

调整好饲料品种，注意青干饲料过渡引起的应激反应，防止维生素不足发生营养不良。

4. 严格消毒，预防疾病

春季是呼吸系统疾病的多发季节，兔舍、兔群逐个检查，发现患兔及时隔离治疗。

5. 加强换毛期饲养管理

春末是獭兔的换毛期，要补充饲料蛋白质、钙、磷。适当减少换毛兔的配种，禁止换毛兔的宰杀取皮，防止兔毛污染饲料和饮水。

二、夏季饲养管理要点

1. 继续抓好配种繁殖

北方夏天仍为繁殖佳期，气温适宜，配种受胎率、产仔率、成活率都比较高。

2. 逐渐把投放饲料重点放到夜间

夏末天气炎热，应在白天喂青草，安静休息时多喂精饲料，防止因天气炎热减少采食。

3. 注意饲料、饮水卫生

禁止喂有毒或被污染的饲料，禁止喂带雨水、露水的青饲料，饮水要保持清洁卫生。

4. 防霉防洪防暑

连雨天兔舍要防霉，清除积水，防洪排涝；高温干旱天气，要注意兔舍遮光或洒水降温，防暴晒或中暑。

三、秋季的饲养管理要点

北方的初秋、中秋多雨高温，晚秋气温多变，饲养管理要按照

秋季的特点进行。

1. 加强换毛期的饲养

秋季处于季节性换毛期，应增加饲料蛋白质、磷和钙的含量，禁止对换毛兔宰杀取皮，也应减少配种繁殖。

2. 继续防暑

夜间作为饲养重点。白天炎热兔厌食，应多休息；夜间稍凉爽，让兔多采食。白天喂多汁饲料，夜间多喂精料。

3. 抓住时机繁殖

因农历七月份天气炎热可停止繁殖，八月份采取体质复壮等措施，积极繁殖。

4. 搞好防疫卫生

多方进行防虫灭蝇，严禁饲喂腐败变质饲料，定期消毒和洗刷食具和盛水、拌料等用具，消灭病原及媒介因素。

四、冬季的饲养管理要点

1. 防风防雪防冻

室外饲养舍要防风防雪，室内饲养舍封闭门窗并设有通风排气孔。繁殖室要保持10℃以上恒温，并做到空气新鲜。保持兔舍干燥，防止笼舍内有冰霜。

2. 加强运动

选择阳光暖和天气，将兔放在保温的运动场内，每周运动2～3小时，放兔运动尽量单个进行，特别是成年公兔和妊娠母兔，防止互相咬斗，造成损伤或流产。

3. 调剂好饲料

冬天粗饲料多，青饲料少，喂兔要将青、干与精、粗饲料搭配好。还要适当增加能量饲料，如玉米粉、高粱、谷糠等，增加獭兔膘情。冻菜要暖化后洗净再喂，要防止喂带冰雪的饲料。

4. 积极开展冬繁

在保温和饲料条件具备的情况下，抓住冬季繁殖的良好时机积极配种。冬季繁殖疾病少，效果好于伏天，应改变不能冬繁的习惯。

5. 适时宰杀取皮

农历冬至前后，北方处于严寒季节，也是一年中的最佳宰杀取皮时期。应在待宰商品兔的饲料中增加脂肪2%～2.5%，选择达到优质皮毛标准的商品兔宰杀。

第十三章　獭兔常见疫病的预防与控制

獭兔的生物学特性决定了獭兔在正常的生长发育过程中疫病的多发性。而我国对獭兔疾病的方针是“预防为主，治疗为辅，防重于治，防治结合”，明确指出了预防在獭兔商品经营中的重要性。为此，生产者必须了解獭兔疫病的相关知识，才能很好地从事商业化经营。

第一节　獭兔常见的传染病

獭兔的传染病是对养兔业危害最为严重的一类疫病，它不仅可以造成兔群大批死亡，导致严重的生产损失；而且，还严重威胁着人类的身体健康。目前，影响獭兔生产的主要传染病有兔瘟（病毒性出血症）、巴氏杆菌病、大肠杆菌病、魏氏杆菌病、沙门菌病、葡萄球菌病和皮肤霉菌病等。

一、兔瘟

兔瘟又叫病毒性出血症，是由兔病毒性出血症病毒侵入机体所引起的一种烈性传染病。经过与消化道、呼吸道和皮肤伤口接触感染，发病时间多在春、秋两季，主要侵害 3 月龄以上的青年兔和成年兔，40 日龄以下幼兔和部分老龄兔一般不易感染，哺乳仔兔不发病。

（一）临床症状

该病依病程可分为最急性、急性、亚急性和慢性型四种。其中，最急性型、急性型绝大多数发生于青年兔和成年兔。临死前肛门松弛，肛门周围兔毛被少量黄色黏液沾污，粪球外附裹有淡黄色胶样分泌物。

1. 最急性型

健康兔感染病毒后 10～20 小时即突然死亡，死亡前不表现任何症状，只是在笼内乱跳几下，即刻倒地死亡。此类多发生在流行初期。

2. 急性型

健康兔感染病毒后 24～40 小时体温升高至 41℃左右，精神沉郁，不愿动，口渴。临死前突然兴奋，在笼内狂奔，然后四肢伏地，后肢支起，全身颤抖倒向一侧，四肢乱划或惨叫几声而死。有的死兔鼻腔流出泡沫样血液，此类多发生在流行中期。

3. 亚急性型

一般发生在流行后期，3 月龄以内的幼兔多发，兔体严重消瘦，被毛无光泽，病程 2～3 天，大部分愈后隐性带毒。

4. 慢性型

近二年来发现有的病兔精神沉郁，前肢向两侧伸展，头低下触地，四肢趴开，不吃不喝，有的病情长达 5～6 天，最后衰竭而死。

（二）病理变化

本病是一种全身性疾病，口、鼻孔、肛门、耳孔、阴门等天然孔常有血液流出。上呼吸道黏膜因淤血、出血呈红色，以气管最为明显。肺淤血、水肿、色红，有出血斑点。心包多有积液，心内外膜出血。肝淤血肿大，色暗红或红黄，也可见出血和灰白色坏死灶。肾肿大，色暗红、紫红或紫黑，被膜下可见出血点和灰白色斑点。

（三）临床诊断

根据流行病学特点、典型的临床症状和病理变化，可以作出诊断。确诊可用血凝试验、琼脂扩散试验和酶联免疫吸附试验才能确诊。

（四）预防措施

① 定期应用兔瘟疫苗进行预防注射。

② 为防止本病的扩散，病兔一律淘汰，与死兔一起做深埋或烧毁处理，带毒的病兔应绝对隔离，排泄物及一切饲养用具均需彻底消毒。

③ 严禁从疫区购入种兔，本病流行期间严禁人员出入。

④ 搞好环境卫生是控制疾病发生的有效措施，定期进行兔舍、兔笼及食盆等的消毒是十分重要的工作。

（五）治疗

1. 药物治疗

由于本病是一种病毒病，发病迅速，死亡率高，使用药物难以收效。

2. 高免血清治疗

发病地区应用抗“兔瘟”血清治疗，又可作被动免疫，效果较好。一般发病后还未出现高热等临床症状可治愈，用 4 毫升血清，一次皮下注射即可。也可将少量血清先行皮下注射，相隔 5～10 分钟后，取 4 毫升血清加 5％葡萄糖生理盐水 10～20 毫升 1 次静脉注射，效果更佳。若病兔已发病达十几个小时，体温升高，临床症状明显，即使用高免血清治疗，效果也不佳。在注射血清后 7～10 天，仍需再行注射疫苗。

二、獭兔巴氏杆菌病

獭兔巴氏杆菌病是由多杀性巴氏杆菌所引起的一种急性传染病。以败血症和出血性炎症为主要特征，多发生在春、秋冷热交替季节，常与波氏杆菌病结伴混合感染。该病不分品种、年龄和季节，传播快，来势猛，一经发生，便迅速波及整个兔群，如治疗不及时，就造成大量死亡损失。发病率为 20％～70％，死亡率为 20％～50％。主要感染途径为接触性感染。

（一）临床症状

本病的潜伏期长短不一，主要决定于侵入的部位，病菌的毒力、数量及獭兔的抵抗力等因素。此病病程分急性型、亚急性型和慢性型三种。

1. 急性型（又称出血性败血症）

有时没有症状，突然死亡。一般在临床上出现精神不振、拒食、呼吸急促、体温升到 41℃以上，鼻腔中流少量浆液性分泌物，有时发生下痢，临死前体温下降，出现发抖、抽搐、瘫痪等现象。病程短，快的 12～48 小时死亡，慢的 3～5 天死亡。

2. 亚急性型（又称地方流行性肺炎）

多由其他型转化而来，病兔呼吸急促、困难，鼻腔中有黏液性或脓性鼻涕，常打喷嚏，体温升高，食欲减退，关节肿胀，结膜发炎，有时腹泻。病程1～2周，有时可长达1～2个月，最后消瘦死亡。

3. 慢性型（又称传染性鼻炎）

这种病型在群养兔场中会经常发现，传播快，但一般不会大批死亡。病初，鼻腔内常有水样分泌物，病兔常打喷嚏，用前脚擦鼻，前脚内侧的毛与鼻涕粘在一起。鼻涕逐渐变稠，并在鼻孔周围结成硬痂，堵住鼻孔，有的病兔只能用嘴呼吸。由于病兔经常用足抓嘴、鼻等处，所以容易把病菌带进眼睛内、耳内或皮下，从而引发化脓性结膜炎、角膜炎、中耳炎、皮下脓肿、乳腺炎等并发症。若不及时治疗，最后常因营养不良而死亡。

（二）病理变化

病兔剖检后，可见心、肺、肠、肝、脾、肾、膀胱、喉和淋巴结等充血，有出血点。胸腔有粉红色的液体（由腹膜炎引起）。病变主要表现为肺部充血、出血，胸腔有积液。

（三）临床诊断

根据发病情况、临床症状可做初步诊断，必要时做细菌学检查。

（四）预防措施

① 加强饲养管理，提高抵抗力，注意兔舍环境卫生。

② 在天气变化时，要防止伤风感冒；防止饲料、饮水污染。

③ 引入兔种时要严格检疫，并隔离饲养观察1个月，无病后方可移入兔群内。兔群要定期进行健康检查，笼舍要定期进行消毒。

（五）治疗

① 发现病兔，对急性者应捕杀淘汰。

② 种用价值高的可用抗病血清治疗，每千克体重皮下注射2～3毫升，8小时后再注射1次。

③ 慢性型病兔可用青、链霉素，每毫升含2万单位滴鼻，每日3～4次，每次3～5滴，连续5天。肌内注射青霉素，每千克体重2万～4万单位，每天1次，连续3～5天；也可注射链霉素，每日1次，每次0.5万～1万单位，连续3～5天。或口服磺胺二甲基嘧啶，每千克体重0.1克，每日2次，连服5天。口服四环素、金霉素、土霉素，每次0.125克，每日4次，连服5天为一个疗程，停药2天后，可再服1个疗程。

三、魏氏杆菌病

魏氏杆菌病是由A型和E型魏氏梭菌及其所产生的外毒素引起的一种死亡率极高的獭兔急性消化道传染病，以急性腹泻和迅速死亡为主要特征。

（一）临床症状

本病除哺乳仔兔外，不同品种、不同日龄的獭兔均可感染发病。病兔开始表现腹泻，精神正常，粪便为灰褐色软粪；继而变为黑绿色的水样稀粪，并带有特殊的腥臭味，精神沉郁、食欲废绝，肛门附近及后肢被粪便污染。

（二）病理变化

尸体脱水、消瘦，腹腔有腥臭气味，胃内积有食物和气体，胃底部黏膜脱落，有出血斑点和大小不一的黑色溃疡点。

（三）临床诊断

肠壁弥漫性出血，肠壁薄而透明。肠系膜淋巴结充血、水肿，盲肠与结肠内充满气体和黑绿色水样粪便，有腥臭气味。心外膜血管怒张，呈树枝状。肝与肾淤血、变性、质脆。膀胱多有茶色或深蓝色尿液。

（四）预防措施

加强饲养管理，消除诱发因素，保证日粮中有足够的粗纤维，变化饲料逐步进行，减少各种应激的发生，定期注射兔瘟、巴氏杆菌和魏氏梭菌三联蜂胶灭活疫苗。

（五）治疗

① 发病时，对整个兔群使用兔瘟、巴氏杆菌和魏氏梭菌三联

蜂胶灭活疫苗进行紧急免疫接种。

② 药物治疗可用红霉素、卡那霉素等抗生素。如果配合对症疗法（补液、内服食母生、胃蛋白酶等消化药），疗效更好。

四、大肠杆菌病

大肠杆菌病又称黏液性肠炎，是由致病性大肠杆菌及其产生的毒素引起的一种暴发性、高死亡率的仔兔和幼兔肠道传染病（主要损伤20日龄及断奶前后的仔兔和幼兔），以水样或胶状粪便及严重脱水为特征，如不及时诊治，势必造成大批死亡。而群养兔由于卫生条件差造成的发病率明显高于笼养兔。

（一）临床症状

病初未见任何临床症状，突然死亡，随之陆续出现精神沉郁，食欲不振，腹泻，腹胀，粪便细小成串，外包透明胶胨样黏液，然后出现水样腹泻，后期呈水样，且污浊、腥臭，污染肛门、后肢、腹部和足部的被毛等，严重时肛门阻塞，病兔四肢发冷、磨牙、流延，眼球下陷，迅速消瘦而死亡。

（二）病理变化

病死兔皮下干燥，胃膨大，充斥多量液体和气体，胃黏膜充血、出血。十二指肠、回肠、盲肠黏膜均有不同水平的充血、出血，并充斥半透明胶胨样液体和气泡，有的呈红褐色水粥样，有的呈灰褐色黏液状。结肠扩张，有透明胶样黏液。肠道黏膜和浆膜充血、出血、水肿。

（三）临床诊断

根据临床特征及尸体剖解，可作出初步诊断，要想进一步确诊，必须进行细菌学检查，提取结肠内容物，在麦康盖培养基上培养，可分离到纯大肠杆菌。

大肠杆菌病与肠球虫病有一定相似性，但球虫病干稀粪交替出现，粪便无胶胨样黏液，膀胱内有大量积尿，小肠和盲肠黏膜上有白色米粒样球虫结节，粪便镜检有球虫卵囊。而大肠杆菌病粪便镜检无球虫卵囊，粪便或结肠内容物有胶胨样黏液。

（四）预防措施

加强饲养管理，增强兔群体质，注意通风换气，兔舍和笼具定

期消毒，冬天在加强保暖的前提下，尽量保持室内空气新鲜，春天多沐浴阳光以增强抵抗力，刚断奶的仔兔不易饲喂过饱，并定期投放抗菌素，发现病兔及时进行隔离治疗。

（五）治疗

① 肌注庆大霉素 3000 单位/千克体重；地塞米松 0.03 毫克/千克体重；复方黄连素 0.1 毫升/千克体重，每日 2 次，连用 3～5 天。

② 肌注氨苄西林 0.05 克/千克体重，地塞米松 0.03 毫克/千克体重；口服氟哌酸 0.02 克/千克体重。每日 2 次，连用 3～5 天。

③ 蒽诺沙星饮水，每日 2 次，连用 3～5 天。

④ 应用一些收敛止泻的中草药治疗，药剂有：郁金 46 克、双花 45 克、连翘 45 克、大黄 50 克、栀子 20 克、诃子 35 克、黄连 20 克、白芍 20 克、黄芍 20 克、黄柏 20 克，用水煎服，以上方剂用于 500 只左右兔的一天服用，根据病兔的多少，药剂量应以此类推，多少酌减，连用 3 天。

采取以上的治疗措施后，3 天可控制住死亡，5 天后兔群可恢复正常。

五、沙门菌病

沙门菌病是由于健康兔采食了被污染的饲料、饮水或当其他原因引起的机体抵抗力下降时发生本病。主要损害怀孕母兔，以败血症急性死亡、腹泻与流产为特征。本菌对外界环境抵抗力较强，但对消毒药物的抵抗力不强，用 3%来苏儿水、5%石灰乳及福尔马林等能于几分钟内将其杀死。病原为鼠伤寒沙门杆菌和肠炎沙门菌。

（一）临床症状

该病潜伏期为 3～5 天，多数病兔腹泻并排出有泡沫的黏液性粪便，体温升高，废食，渴欲增加，消瘦。母兔从阴道排出黏液或脓性排泄物，阴道潮红、水肿，流产胎儿皮下水肿，很快死亡。孕兔常于流产后死亡，康复兔不能再孕。

（二）病理变化

剖检时发现，败血症病兔胸、腹腔脏器有淤血点，腔中有多量浆液或纤维素性渗出物。

① 流产病兔子宫肿大，浆膜和黏膜充血，并有化脓性子宫炎，部分黏膜掩盖一层淡黄色纤维素性污秽物。子宫黏膜有的出血或溃疡。

② 未流产的病兔阴道黏膜充血，腔内有脓性排泄物，肝脏有弥漫性或散在性淡黄色芝麻粒大的坏死灶，胆囊肿大，肝脾肿大呈暗赤色。肾脏有散在性针头大的出血点，消化道黏膜水肿。

（三）临床诊断

依据临床症状和病理特征可作出初步诊断。

（四）预防措施

搞好环境卫生，增强兔群的抗病力，谨防怀孕母兔与传染源接触。

① 定期使用鼠伤寒沙门杆菌诊断抗原，普查兔群，对阳性兔进行隔离医治，兔舍、兔笼和器具等彻底消毒，祛除老鼠和苍蝇，兔群发病要迅速确诊，隔离医治，兔场进行具体消毒。

② 对怀孕前和怀孕初期的母兔可用鼠伤寒沙门杆菌灭活疫苗，颈部皮下或肌内打针 1 毫升/只，疫区可接种鼠伤寒沙门杆菌灭活疫苗，每年 2 次/只。

（五）治疗

① 每只每天 2 毫升氯霉素，肌内注射，2 次/日，连用 3～4 天；口服每千克体重 20～50 毫克，每日 1 次，连用 3 天，疗效明显。

② 每只每千克体重 40 毫克土霉素，肌内注射，2 次/日，连用 3 天；口服，每只兔 100～200 毫克，分 2 次内服，连用 3 天。

③ 取洗净的大蒜充分捣烂，1 份蒜加 5 份清水，制成 20%的大蒜汁，每只兔每次内服 5 毫升，每日 3 次，连用 5 天，效果较好。

六、葡萄球菌病

葡萄球菌病是由金黄色葡萄球菌引起的一种獭兔常见多发病，以在獭兔皮下或各器官中形成化脓性炎症为特征。该病一年四季均可发生，经皮肤伤口、消化道、呼吸道等各种途径均可感染而发病。

（一）临床症状

1. 乳房炎型

常见于母兔产后最初几天。

2. 急性型

患兔体温升高，乳房肿大，呈紫红色，灼热和疼痛，乳汁中混有脓液和血液；慢性病例，乳房局部形成大小不一的硬块，最终形成脓肿。脚皮炎型：兔子后肢足底部开始出现脱毛、红肿，继而形成脓肿、破溃，最终成为大小不一的溃疡面。

3. 脓肿型

发生于任何部位的皮下及任何器官。皮下脓肿多由外伤引起，脓肿可被结缔组织囊包围，成熟后自行破溃；内脏器官脓肿可使其机能受到影响，多发生全身感染而成为脓毒败血症，迅速死亡。

4. 仔兔肠炎型

又称仔兔黄尿症，是由于仔兔吸吮了患乳房炎母兔的乳汁后造成中毒的缘故，排出黄色水便。患兔身软如泥，呈昏迷状态，2～3天死亡。

此外，还有仔兔败血症型、鼻炎型等。

（二）病理变化

主要病变为肝肿大，有坏死灶，胆囊肿大、充满胆汁，肺水肿、淤血，肠黏膜充血、出血。母兔不同部位皮下和内脏器官有数量不等、大小不一的脓疱，疱膜完整，内含浓稠的乳白色脓液，乳房肿胀，呈紫红色，切开有大量的脓液。

（三）临床诊断

临诊时可根据特殊的症状和病变做出初诊，必要时可通过细菌学检查进行确诊。本病在临床上表现为多种不同的病型。

1. 仔兔脓毒败血症

仔兔出生后 2～3 天，在皮肤上出现米粒大的脓肿，多数病例在 2～5 天内呈现败血症死亡。

2. 仔兔急性肠炎

仔兔因吸吮了患乳房炎母兔的乳汁而发生急性肠炎，往往全窝发病，病兔肛门周围被毛潮湿、腥臭，精神萎靡、昏睡。病程2～3天，死亡率高。

3. 足跖面皮炎

皮炎多见于后肢的跖趾区、跖侧面部位。病初表现为充血、轻微肿胀和脱毛。继后，形成经久不愈、时常出血的溃疡。病兔不愿走动，换脚休息，食欲下降、消瘦，有时发生全身感染，导致败血症而死亡。

4. 转移性脓毒血症

脓肿可发生于任何组织和器官。如果内脏器官患有脓肿，这些器官的功能就会受到影响。如果脓肿发生于皮下，则全身症状不明显。皮下脓肿经1～2个月自行破溃，流出白色浓稠的脓汁，经久不愈。流出的脓汁沾到别处皮肤可引起病兔用爪搔抓，病菌从抓伤处侵入后又形成了新的脓肿。脓汁中的病菌也可随血液到达别处形成新的脓肿。脓肿向内破溃时即引起全身性感染，出现败血症，病兔迅速死亡。病死兔剖检可见脓处逐步形成结节、呈沙粒状。

5. 细菌学检查

在病变脓肿部位取病料（脓肿中的脓汁或急性败血症的心血）做菌检，可检测到金黄色葡萄球菌，革兰染色阳性、大小不一，普通培养基生长良好，以凝固酶阳性并有溶血的金黄色葡萄球菌居多。

（四）预防措施

① 立即改善饲养环境，兔群全部转到无菌兔舍内，兔笼全部用竹条底板做笼底。将出现明显临床症状的病兔隔离治疗、饲养。

② 对兔舍内外用碘制剂喷洒消毒，经过采取以上治疗措施，使该病很快得到控制。

③ 注射葡萄球菌病灭活疫苗可预防本病。母兔于配种前后接种，仔兔断奶后接种，每年2次，每次皮下注射2毫升，可控制或减少本病发生。

（五）治疗

① 对患兔肌内注射环丙沙星 0.2 毫升/千克，肌内注射青霉素 20 万～40 万单位/只，每天 2 次，连用 3～5 天。饲料内添加氧氟沙星等。

② 患部剪毛清理后，用 5%碘酊消毒。

③ 母兔乳房炎可用青霉素肌内注射，每天 2 次，每次 10 万单位。严重患兔可用 2%普鲁卡因 2 毫升，加注射用水 8 毫升，稀释 10 万～20 万单位的青霉素，做乳房密封皮下注射。

七、皮肤霉菌病

皮肤霉菌病是由须发癣菌和大小孢子霉菌引起的以脱毛、断毛和皮肤炎症为特征的传染性皮肤病。

（一）临床症状

本病主要危害仔兔、幼兔。病兔眼周围皮肤增厚、发炎、痂皮增生，脱毛后如戴眼镜。部分兔躯干部位毛长短不一，呈波浪状。青年兔、成年兔发病初期皮肤肿胀发红，出现小水泡，很快干燥，变成一些白色斑点，以后扩大，融合成厚的白色糠麸皱痂状。严重者融合成大片，占据整个无毛区，皮肤增厚、有皱褶，像丘陵一样堆积起来并牢固地粘在皮肤上，剥离痂皮创面呈鲜红，深入肌层。病兔怕冷，不活跃，食欲一般无异常。哺乳母兔乳房周围皮肤上形成病灶，局部炎症、脱毛。

（二）病理变化

患病特征与临床表现一致。

（三）临床诊断

该病确诊可通过实验室进行病变皮肤刮屑显微镜检验，或采集刮屑在霉菌培养基上培养来确诊，并注意与兔疥癣和营养性脱毛有明显区别。

① 獭兔疥癣由疥螨引起，主要寄生于头部和脚掌部短毛处，随后蔓延至躯干，脱毛、奇痒，皮肤发生炎症，皮肤深处刮屑可检出螨虫。

② 营养性脱毛是由于日粮中蛋白质、钙和维生素缺乏，光照不足和潮湿等引起，一般呈散发。症状是皮肤无异常，断毛整齐，

根部有毛茬。

（四）预防措施

加强饲养管理，注意透风换气，保持兔体和环境卫生，经常进行消毒，发现患兔及时隔离治疗或淘汰。

（五）治疗

治疗可采用以下药物：大群发病时，内服灰黄霉素，每千克体重每日 25 毫克，连用 2 周；克霉唑药水或软膏，均匀涂擦患处，每天 3～4 次，直至痊愈；10%的水杨酸软膏，或 2%的福尔马林软膏，或 5%～10%的硫酸铜水溶液涂擦患处，每日 2～3 次，直至痊愈。

第二节　獭兔常见寄生虫病

寄生虫病是由寄生虫寄生于獭兔体表、体内所引起的獭兔病。寄生虫病可使獭兔生产力下降，生长受阻、产品损失、甚至造成死亡。因此，防治寄生虫病对獭兔养殖业是十分重要的。最为常见的獭兔寄生虫病有三种：球虫病、疥癣病、兔虱。

一、兔球虫病

兔球虫病是獭兔常发的一种流行性疾病。断奶后至 12 周龄幼兔感染最为严重，易伴发其他疾病，生长受阻，并且大批死亡，所以防治该病非常重要。球虫病受温度和湿度控制较为明显。该病全年均可发生，但有明显的季节性，温暖潮湿的雨季最易流行，而深秋、冬季、早春三个时节一般不会发生。规模化养兔场的兔舍温度经常保持在 10℃以上时，则可随时发生。各品种、各年龄大小的兔都有易感性，但断奶后至 2 月龄的幼獭兔最易发生球虫病，其感染率可高达 100%，患病后的幼獭兔死亡率也很高，最高可达 80%。耐过的病獭兔长期不能康复，生长发育受到严重影响，体重一般减轻 11%～26%。

（一）临床症状

本病流行于 6～8 月份，1～3 月龄的幼兔最易感染。患兔常见的表现是腹泻，其性状为稀薄的粪便、黏液性的粪便、水样粪便，

尾根部常被粪便黏着。其次是消瘦、被毛粗乱，生长迟缓，结膜苍白，眼和鼻有分泌物，精神食欲不振，行动迟缓，伏卧，排尿次数增加，腹胀臌气，死亡率高。根据寄生部位不同，可分为三种类型：肝型、肠型、混合型。

1. 肝型

多为慢性经过，可视黏膜黄染，腹泻与便秘交替出现，腹围增大或下垂，触及肝区有痛感，幼兔呈现神经功能障碍，伴有四肢痉挛，极度衰竭死亡。

2. 肠型

多呈急性经过，幼兔突然死亡或突然倒地、四肢痉挛、头后仰、后肢划动、发生惨叫、迅即死亡。慢性经过者常表现为顽固性腹泻，引发脱水、肠臌气。

3. 混合型

与上述两型的症状相似，以消瘦、腹泻、黄疸、多尿、腹部膨胀为主要特征。

（二）病理变化

1. 肝球虫病

死兔剖检可见肝脏明显肿大，上有黄白色小结节，内有大量卵囊，胆囊胀大，胆汁浓稠，在胆管、胆囊黏膜上取样涂片，能检出卵囊。

2. 肠球虫病

主要在肠道，肠壁血管充血，肠腔臌气，肠黏膜充血或出血，十二指肠扩张、肥厚，黏膜有充血或出血性炎症，小肠内充满气体和大量黏液。急性病例有时肉眼不能发现病变。慢性时，肠壁呈淡灰色，有许多针尖大的黄白色结节和小的化脓性、坏死性病灶，结节内含大量球虫卵囊。根据上述要点不难做出诊断，但确诊尚需实验室检查，漂浮法、涂片法经镜检可确诊。

（三）临床诊断

根据流行情况和临床症状、病理剖检、实验室检查，可确诊为球虫病。

（四）预防措施

① 搞好清洁卫生，并将粪便堆积在固定地点，加盖塑料布进行生物发酵，以杀死虫卵。对场地、笼位、用具、饲料等定期消毒。

② 饲料用具应高于兔笼底板，以防止粪便污染饲料和水。固定清洁用具，特别是成年獭兔和幼獭兔的清洁用具一定要分开固定使用，防止交叉感染。设立专门的饲料间，以防鼠类侵入传播并扩散疾病。饲养獭兔最好使用乳头式自动饮水器和颗粒饲料。

③ 新购入的种兔需经多次粪便检查，确定无球虫病时，才能作种用。发现病獭兔后，要立即隔离，并彻底打扫圈舍卫生，消毒。对幼獭兔在断奶后饲料中添加氯苯胍直到90日龄，并与成年獭兔分开饲养。

④ 补充维生素K可大幅度地降低球虫病的死亡率，同时补充高剂量维生素K，以加速球虫病暴发后的康复。

⑤ 獭兔球虫与其他动物的球虫一样，很易产生抗药性，应有计划地交替使用或联合使用多种抗球虫药，以防抗药性的产生。

⑥ 对临床无症状的獭兔，在饲料中拌入氯苯胍，并保持兔舍的卫生和适当通风，供给易消化的蛋白质和各种维生素的全价兔饲料。

⑦ 病兔舍、兔笼、饲槽等用肥皂、石炭酸、克辽林（以5∶5∶10的比例加水100毫升配成）进行定期消毒，食具用0.1%高锰酸钾消毒。

⑧ 病兔尸体和脏器深埋处理或销毁，妥善处理粪便。

（五）治疗

① 发现病兔立即隔离治疗或淘汰。在所有幼兔饲料中加入0.5%磺胺二甲基嘧啶，混匀，连服3～5日。间隔1周，再服3～5日。同时每天使用水溶性复合维生素粉饮水。病兔用药2日后症状即开始缓解。5日后大部分病兔治愈。对脱水病例可用5%糖盐水加入地塞米松和庆大霉素腹腔注射，2次/日，以补充体液，调节电解质平衡，增加能量。

② 氯苯胍治疗时按0.03%的浓度拌料饲喂，连用7天。预防时可按0.015%的浓度添加，连喂45日。

③ 1月龄以内的兔按3毫克/千克体重、1月龄以上的兔按3～4毫克/千克体重使用呋喃唑酮内服，连用7天。

④ 使用硝苯酰胺与3倍量的磷酸钙混合，配成25％的预混剂，预防按0.0125％的浓度拌料饲喂，治疗按0.025％的浓度拌料饲喂，连喂3～5天，效果明显。

⑤ 使用敌菌净每天按30毫克/千克体重拌料饲喂（首次量加倍），连喂3～5天。

二、兔疥癣病

獭兔疥癣病是由疥螨和痒螨引起的高度接触性传染的一种体外寄生虫病，又称“生癞”、“石灰脚”、“干爪病”等，对养兔业造成较大的威胁。

（一）临床症状

当发生疥癣病时，首先发生剧痒，这是贯穿整个疾病的主要症状，而且病兔进入温暖场所或活动后皮温增高时，痒觉更为加剧。当兔感染痒螨时，在病初接近耳根处发生红肿，继而脱皮，有时流出渗出液，渗出物干燥后结成黄色痂皮，塞满耳道，如纸卷样，病兔耳朵下垂，不断摇头，并用爪搔抓耳朵，严重时蔓延至筛骨或脑部，引起癫痫狂症。当兔感染疥螨时，先从嘴鼻孔周围和爪部发病，逐渐蔓延到鼻梁、眼圈等部位，严重时有爪抓地姿势，爪部出现灰白色的痂皮，病兔嘴肿胀，影响采食，迅速消瘦，最后衰竭死亡。

（二）病理变化

该病的病理变化主要表现在皮肤。患部脱毛，出现丘疹或水疱，逐渐形成灰白色的痂皮。随着病情的发展，患部皮肤逐渐增厚，失去弹性而形成皱褶。

（三）临床诊断

根据了解和看到的发病情况，病兔患部一般都发生被毛脱落，皮肤红肿，在皮肤表面形成一种糠麸状的痂皮。部分患兔常以身体向笼壁摩擦或用爪抓患部，用嘴舔足。绝大多数病兔引起耳壳内侧红肿，外耳道发炎，渗出物干燥后结成痂皮，呈卷纸样塞满耳道，病兔摇头搔耳。有的病兔足爪局部脱毛、损伤，形成糠麸状痂皮，呈干爪状。病兔普遍消瘦、贫血、被毛无光泽、精神差，初步诊断獭兔患的是螨病。同时用外科手术刀刮取病兔患部的病料，放在黑色纸上在太阳光下用放大镜观察是否有螨虫，确诊为兔螨病。

(四) 预防措施

定期检查，药物经常消毒。对兔群每年进行全面检查，发现可疑病兔及时隔离和采取措施。不从患有疥癣病的兔场引种，种兔进场需观察3周，确实无病后方可混群。兔舍应经常消毒，保持环境干燥、空气流通和阳光充足。

(五) 治疗

① 使用2%～2.5%的敌百虫酒精溶液涂擦患处，7～10天。

② 肌内注射虫克星或灭虫丁，每千克体重0.2毫升，或口服虫克星粉剂，每千克体重0.2毫克。

③ 整个兔群用阿维菌素拌料喂服，进行预防性治疗。按兔每千克体重0.04～0.05毫克阿维菌素投药，第一次拌料喂服2天，每天1次，隔5天再拌料喂服2天，每天1次，效果明显。

三、兔虱

兔虱是寄生在兔皮肤外表的一种寄生虫，主要通过接触感染，慢性发病。在阴暗、潮湿、污秽的环境中，容易产生兔虱。獭兔虱是影响獭兔皮毛质量的主要疫病。

(一) 临床症状

兔虱咬兔的皮肤时，分泌出一种有毒性的唾液，刺激兔皮肤的神经末梢，引起发痒。兔子常用嘴啃咬痒的部位或用前爪抓痒的部位，咬破或抓破皮肤，皮肤上有微小的出血点，溢出的血液干后形成结痂，因而易脱毛、脱皮、皮肤增厚和发生炎症等。拨开兔子患部的被毛，检查其皮肤表面和绒毛的下半部，可找到很小的黑色虱，在兔绒毛的基部可找到淡黄色的虱卵。兔虱发生严重时会造成病兔食欲不振，消瘦，抵抗力减弱。

(二) 病理变化

本病除了獭兔表皮发生变化外，生理上基本上没有多大变化。

(三) 临床诊断

本病诊断比较容易，只要兔有搔痒症状，就可以迅速在体表上寻找虱或虱卵，即可确诊。

(四) 预防措施

① 要经常保持兔舍干净、卫生、干燥、空气新鲜。定期检查兔的体表，做到早发现、早隔离、早治疗。

② 笼舍每隔一定时间用2%的敌百虫溶液消毒1次，或将苦楝树叶放在笼内以驱除兔虱。

(五) 治疗

① 用阿维菌素或伊维菌素系列产品，按有效成分0.2～0.4毫克/千克体重，口服或皮下注射。

② 可取中药百部根1份、水7份，煮沸20分钟，冷却到30℃时用棉花蘸水，在兔体上涂擦。也可用2%的敌百虫溶液喷洒兔体，或将5%的滴滴涕粉剂搓在患兔的被毛上。

第三节 獭兔常见普通病

獭兔普通病是因饲养管理不当，引起生长发育障碍所产生的疾病，因此也有称障碍病。常见的有兔便秘、积食、腹泻、中暑、产后瘫痪、吞食仔兔癖、感冒和繁殖障碍症等八种。

一、兔便秘

兔便秘是临床上的常见内科病。主要病因：一是粗、精饲料搭配不当，精饲料多，青饲料少，或长期饲喂干饲料，饮水不足，均可引发本病；二是饲料中混有泥沙、被毛等异物，致使形成大的粪便块而发生本病；三是运动不足，排便习惯紊乱所致；四是继发于排便带痛性疾病，如肛窦炎、肛门炎、肛门脓肿、肛瘘等，或是排便姿势异常的疾病，如骨盆骨折、髋关节脱臼，以及热性病、胃肠弛缓等全身疾病的过程中。

(一) 临床症状

病兔食欲减退或废绝，肠音减弱或消失，精神不振，不爱活动，初期排出的粪球小而坚硬，排便次数减少，间隔时间延长，数日不排便，甚至排便停止。有的病兔频作排便姿势，但无粪便排出。病兔腹胀，起卧不宁，回头顾腹等腹部不适表现。病兔口舌干燥，结膜潮红，食欲废绝。除继发于某些热性病外，体温一般不升高。

（二）剖检变化

剖检时发现肠管内积有干硬粪球，前部肠管积气。

（三）临床诊断

触诊腹部有痛感，且可摸到有坚硬的粪块。肛门指检过敏，直肠内蓄有干硬粪块。

（四）预防措施

① 为预防家兔便秘，应该注意合理搭配青、精饲料，饲喂要定时定量，防止饥饱不匀。

② 要经常供给清洁的饮水，并注意足够的运动。

③ 保持兔笼干净，经常除去被毛等污物；保持兔适当的运动，保证胃肠蠕动。

（五）治疗

治疗原则是疏通肠道，促进排便。

① 首先，病兔禁食 1～2 天，勤给饮水；其次，可轻轻按摩腹部，既有软化粪便作用，又能刺激肠蠕动，加速粪便排出。

② 用温皂水，或用 2%碳酸氢钠灌肠，软化粪便，加速粪便排出。

③ 用多酶片 2～4 片研末加适量蜂蜜兑水，调匀，1 次灌服，每天 2 次，连用 2～3 天。

④ 用 10%鱼石脂溶液 5～8 毫升（或 5%乳酸液 3～5 毫升内服；或用芒硝、大黄、枳实各 3 克，厚朴 1 克，煎汁）灌服。

⑤ 用开塞露 1 支，剪开后插入肛门 4 厘米左右，挤出药液，结合口服大黄苏打片 4 片，饮水加补液盐，每天 1 次，连用 2 天。

⑥ 用菜油或花生油 25 毫升，蜂蜜 10 毫升，水适量内服（也可用植物油或液体石蜡等润滑剂灌肠排便）。

⑦ 取蜂蜜 15 毫升，生大黄粉 3 克，每只兔 1 次服 5 毫升，每天 3 次，但孕兔禁用。

病重兔应强心补液，以增强机体抵抗力。病轻后要加强护理，多喂多汁易消化饲料，使食量逐渐增加。

二、兔积食

獭兔积食病是家兔的常见病之一，俗称“肚胀”。多发于2～6月龄的兔，一般在采食后2～4小时发病。

（一）临床症状

发病初期，食欲废绝，胃肠臌气，腹部胀大，敲击有鼓音，口中流涎，伏卧不安。便秘或排粪有异味。后期出现大口喘气，呼吸困难，发出凄惨的嘶叫声。如不及时治疗，病重兔会胀破胃肠而死亡。

（二）预防措施

① 喂食精料要适量，避免过食生冷饲料，饼类饲料要粉碎，并用温水泡透，防止入胃后膨胀。

② 放养或舍养忌食露水草、披霜草和霉变饲料。

③ 要定时定量，谨防饥食骤饱；饲料改变要逐渐过渡，不可突变，以免出现过食或拒食。

④ 冬季兔舍要注意保暖，不可喂给低温饲料，在饲料中添加少许碎蒜、辣椒粉、姜末提高抗寒能力，并及时清扫运动场上的冰雪。

⑤ 保持兔舍卫生，防止饲料污染和采食不洁净的软粪。

（三）治疗

1. 初发病

要制止胃容物发酵产气。①灌服十滴水5滴左右，加入1汤匙温开水。②用2头大蒜捣成泥状，放入150毫升醋中，浸泡半小时，取醋蒜液灌服，每次20毫升。③将大黄苏打片1～2片碾成细粉，用温开水灌服。④干酵母1片研细，用温开水灌服。⑤口服二甲基硅油25毫克，1次可愈。

2. 积食中期

让病兔排出胃气。①用萝卜捣烂取汁，灌服2汤匙。②把花椒籽（去壳）碾细，用温水灌服。

3. 积食后期

人工放出胃气，用注射器从肠管缓慢抽出气体。

三、兔腹泻

兔腹泻是家兔一年四季最常见的一种疾病，各种年龄的家兔均可发生，以断奶前后的幼兔发病率最高，治疗不当常引起死亡。尤其在多雨潮湿的夏秋时节多发。本病虽以兔腹泻为特征，因病因不同，病的类型也不同。

（一）临床症状

主要表现为粪便不成球形，稀软，呈粥状或水样。患有消化不良性腹泻时，粪臭、量大，排泄次数增加，病兔无神，不爱吃食，腹膨大；胃肠型腹泻是兔吃了腐烂变质饲料所致，病兔食欲废绝，精神高度沉郁，常蹲卧不动，粪稀如水，其中含有气泡和黏液，病重时可致兔死亡。因此，对兔腹泻要高度重视。

（二）预防措施

① 预防这类疾病，平时要加强饲养管理，不喂霉变腐败饲料、饲草。保持兔舍清洁干燥，温度适宜，通风良好。

② 料槽、水槽定期刷洗消毒。饮水要卫生，垫草勤更换。

③ 饲喂断奶幼兔要定时定量，防止吃得过饱。更换饲料应逐渐进行。

（三）治疗

① 发现病兔应停止给料，照常供水。病兔体质较好时，每只兔用轻泻药如人工盐 4～5 克，加水 40～50 毫升灌服；或灌服植物油 10～20 毫升。隔 1～2 小时喂酵母片 2～3 片或乳酶生 4～6 片，每天 2～3 次。

② 腹泻较严重时可用抗菌药物，如氟哌酸、磺胺脒、敌菌净等，每只兔每次用 1～2 片，每天 2～3 次，连喂 2～3 天。

③ 使用广谱抗生素，如庆大霉素、卡那霉素等，每只兔用 0.5～1 毫升肌内注射，每天 2 次，连用 3 天。

④ 食欲差的兔可灌服健胃剂，如大蒜酊、龙胆酊、陈皮酊 2～4 毫升。

⑤ 静脉注射葡萄糖盐水、5％葡萄糖液 30～50 毫升，20％安

钠咖注射液1毫升、维生素C1毫升，每天1～2次，连用2～3天。

⑥ 对症疗法，对病轻兔可在少许饲料中加少量木炭末、饮水中加1%的硫酸铜进行治疗。

四、兔中暑

兔中暑又称日射病或热射病，是因烈日曝晒，潮湿闷热，体热散发困难所引起的一种急性病。以体温升高、循环衰竭和发生一定神经症状为特征。各种年龄兔都能发病。

（一）临床症状

病兔精神不振，拒食，体温升高，手摸全身有灼热感，全身无力，四肢常常撑开，行走不稳，有时高度兴奋而盲目奔跑，呼吸加快、浅表，可视黏膜潮红发绀，鼻腔、口腔排出白色带有粉红色沫。严重时卧地不起，四肢痉挛，直至死亡。

（二）预防措施

① 夏天兔舍要通风凉爽，用冷水喷洒地面降温。

② 露天兔舍要搭设凉棚，避免阳光直射家兔。

③ 兔笼要宽敞，防止家兔过于拥挤。

④ 要保证充足的饮水，并在饮水槽内加入1%～2%食盐，以促进食欲，补充盐分。

⑤ 饲料多样化，以青饲料为主、精饲料为辅。在饲料中拌入苦蒿水或大蒜水，既能开胃消热防暑，又能消毒杀菌。

（三）治疗

① 立即把病兔放到阴凉处，在身上敷盖冷水浸湿的毛巾或布片，每隔4～5分钟更换一次，或浸入冷水中，直到体温降至常温止。

② 耳静脉放血。可内服十滴水2～3滴（加入温水中），或仁丹2～3粒。

③ 在炎热季节兔舍要通风凉爽，可用喷水降温，防止拥挤，供足饮水。避免强烈日光照射家兔，防止中暑的发生。

④ 病兔昏倒时，可用大蒜汁、韭菜汁或姜汁滴鼻，疗效尤佳。

⑤ 注射20%的甘露醇10～30毫升，注射2.5%盐酸氯丙嗪注射液0.5～1毫克。

五、母兔产后瘫痪

母兔产后瘫痪是由于经常饲喂母兔单一饲料，日粮中钙磷比例失调，母兔由于带仔泌乳量高，钙随乳流失，血液中钙的浓度降低而引起本病的发生。

（一）临床症状

病初通常是食欲减退或废绝，表现轻度不安。有的兔表现神经兴奋性症状，头部及四肢痉挛，不能保持平衡，继而后肢开始瘫痪，不能站立，后期四肢麻痹，瘫卧于兔笼内。

（二）预防措施

日粮要合理搭配，防止饲料品种单一，长期在饲料中加入2%～3%骨粉或1%～1.5%的贝壳粉，可预防钙、磷的缺乏。

（三）治疗

① 静脉注射10%葡萄糖酸钙5～10毫升，每日1次，连用2天。

② 肌内注射维丁胶钙注射液，每次2～4毫升，每日1次，连用3天。

③ 静脉注射50%葡萄糖20毫升，维生素C注射液2毫升，维生素B_1注射液2毫升，每日1次。

六、吞食仔兔癖

母兔吞食刚出生或出生不久的仔兔，可将自己的仔兔一次吃光或吃一部分，这种现象为吞食仔兔癖，也叫异食癖。在养兔生产中常有发生，给养兔户造成不必要的损失。

（一）发病原因

① 饲料中钙磷不足，蛋白质、维生素缺乏。

② 哺乳期饮水不足，钠盐缺乏。

③ 母兔产仔后口渴。

④ 分娩时受惊吓和寒冷的刺激，使母兔神经机能紊乱。

⑤ 产仔箱的垫草有异味。

⑥ 箱中仔兔内混有死兔。

（二）防治措施

① 母兔怀孕期间要加强饲养管理，保证蛋白质、矿物质、维生素等营养充足。最好喂全价配合饲料，同时也要补充多汁的青绿饲料。

② 供给充足的饮水，加入1%的食盐，或口服补液盐，保证怀孕母兔体内钠氯平衡。

③ 母兔分娩前对产仔箱要整理干净，垫上无异味的软草等。

④ 母兔分娩时保持安静，不要惊扰。

⑤ 母兔分娩前要备好淡盐水，分娩后令其自饮。

⑥ 产仔完毕要及时查点数目，清理死胎防止母食。

七、兔感冒

兔感冒主要是受凉所致，天气骤变，突然降温，早晚温差大；兔舍湿度大，冷风侵袭；运输途中被雨水淋湿；兔舍内氨气和灰尘等有害气体含量超标也可引发此病。

（一）临床症状

病兔精神沉郁，不爱活动，眼呈半闭状，食欲减退或废绝，鼻腔内流出多量水样黏液；打喷嚏，咳嗽，鼻尖发红，呼气时鼻孔内有肥皂状黏液鼓起；继而四肢无力，体温升高至40℃以上，皮温不整，四肢末端及鼻耳发凉出现怕寒、战栗；结膜潮红，有时怕光，流泪。若治疗不及时，鼻黏膜可发展为化脓性炎症，鼻液浓稠，呈黄色，呼吸困难，进而发展为气管炎或肺炎。

（二）防治措施

① 加强饲养管理，供给充足的饲料和饮水，使之保持良好的体况，增强其抵抗能力。兔舍保持干燥、清洁卫生，通风良好。定期清理粪便，减少不良气体刺激，同时又要避免贼风和过堂风的侵袭。

② 在天气寒冷和气温骤变的季节，要做好防寒保暖工作，夏季也要做好防暑降温工作。运输途中要防止淋雨受寒，同时还应注意在阴雨天气禁止剪毛或药浴。

（三）治疗

① 20%磺胺嘧啶钠，每只兔每天2毫升，肌内注射，每日2

次，连用2～3日。为防止继发感染肺炎，可用抗生素或磺胺类药物，如每只兔肌内注射青霉素20万～40万国际单位。

② 中药疗法：七叶莲、金银花、紫花地丁各15克，共同切碎，煎水取汁，候温灌服，连服1～2剂。

八、母兔繁殖障碍症

母兔繁殖障碍是由一种或多种病因引起的，各类兔尤其是皮兔、肉兔的经济效益都建立在正常的繁殖基础上，没有繁殖就没有经济效益，所以在生产中应采取综合预防和控制措施，减少本病的发生。对那些屡治无效或失去治疗价值的种兔应及时淘汰。

（一）母兔繁殖障碍的原因

1. 营养性因素

饲料中的营养成分搭配不当、比例失调时，不能满足种兔正常的营养需要，造成体况过肥或过瘦，正常生殖激素的分泌发生紊乱，影响了正常的繁殖能力。

2. 原发性因素

卵巢囊肿、卵巢机能不全等生殖系统疾病，造成与生殖有关的激素分泌失调，母兔不发情、不孕。脑垂体机能不全，母兔患幼稚病，虽达到交配年龄而生殖器官发育不全或无性周期，公兔睾丸炎、隐睾、精子异常、性欲缺乏等原因也会造成繁殖障碍。

3. 疾病性因素

沙门杆菌病常引起母兔死胎、僵胎，甚至流产。螺旋体病使公兔睾丸萎缩、阴囊水肿、精液品质下降。母兔子宫炎使受精卵在子宫体壁着床困难。

4. 气候因素

种兔适宜的温度范围是18～25℃，温度过高或过低都会影响种兔的健康状态，酶的活性和代谢过程发生紊乱，这些因素都直接或间接对精子和卵子的生成以及胚胎的发育产生不良作用。如果兔舍温度连续5天超过30℃，公兔精子就会发生死亡。

5. 毒物因素

中毒能导致母兔流产、死胎或产畸形胎，常见有饲料霉变或饼类饲料中的棉酚、药物中毒、重金属中毒等。獭兔从饮水、青绿饲料中不断摄取有毒物质，极大影响家兔的生殖能力。

6. 滥用激素

在獭兔人工授精时，长时间超剂量使用某一种激素，会使母兔子宫壁增厚，内分泌紊乱，无法排卵，造成繁殖障碍。出现这种情况，要及时淘汰处理。

（二）预防与治疗

1. 科学配料，精心饲养

参照獭兔的营养标准，合理配制全价饲料。特别注意色氨酸、维生素A、维生素E、铁、锌和B族维生素的添加。当体况过肥时，控制喂量，增加运动，增加部分青饲料；体况过瘦时，增加含蛋白质高、能量高的饲料，增加喂量。禁止喂发霉饲料，供应清洁饮水。

2. 采取措施，消除病因

原发性因素是机体自身情况引起的，应找出主要原因，采取适当的措施，才能收到良好的效果。如卵巢机能不全，可注射促卵泡素或人绒毛膜促性腺激素，公兔性欲缺乏时，注射丙酸睾丸酮，同时加强饲养管理。

3. 选好场址，合理配种

种兔舍建设应科学合理，有良好的环境条件，光照充足，干燥，空气流通，有足够的运动空间，杜绝周围干扰，寒冷季节要注意保暖防冻，高温季节要注意防暑降温。冬季在中午气温较高的时候配种，夏季在早、晚气温凉爽的时候配种。

4. 防治疾病，确保健康

治疗子宫炎可用中草药：益母草15克、金银花3克、野菊花5克、半边莲5克、紫花地丁10克、蒲公英15克研成粉，加入粉料中制成颗粒，连喂10～15天。治疗卵巢囊肿可用：淫羊藿10克、益母草12克、阳起石15克研成粉，掺于饲料中，制成颗粒，

连喂 10～15 天。

为了提高公兔精液品质，可在每吨饲料中加入 5%饲用维生素 E 粉 40～50 克，同时肌内注射丙酸睾丸素，每只每次 15 毫克，隔天 1 次，连用 2～3 次。

第十四章　獭兔的屠宰加工及副产品开发

獭兔以其皮毛特有的短、细、密、平、美、牢而深受广大消费者的喜爱。其肉品四高（高蛋白、高赖氨酸、高消化率、高磷脂）、四低（脂肪低、胆固醇低、农残低、热量低）的高级益智、美容、保健等营养功效，更是符合现代人类的食品理念。所以，獭兔的屠宰加工和副产品开发显得尤其重要。

第一节　獭兔皮的品质特点

鉴定獭兔皮品质的优劣，可以根据皮板面积、绒毛密度、皮板质地、兔毛色泽和长度等进行评定。

一、兔皮品质鉴定术语的解释

1. 板质足壮

指皮板坚实，厚度适中，厚薄均匀，纤维编织紧密，弹性大，韧性好，有油性。

2. 板质瘦弱

指皮板薄弱，纤维编织松弛，缺乏油性，厚度不均，缺乏弹性与韧性，有的带皱纹。

3. 毛绒丰厚

指毛长而紧密，底绒丰足，细软、戗毛（又称粗毛或针毛）少而且分布均匀，色泽光润，每平方厘米在 2 万根以上。

4. 毛绒空疏

指毛绒粗涩、粘乱、缺少光泽或毛短绒薄，毛根变细且短平。

5. 皮板面积

通常以厚干板皮为标准，测量方法同前介绍。撑拉过大的皮张一般都降级或按次皮处理。

二、獭兔皮的商品标准

中国土畜产进出口总公司1982年根据国外獭兔皮的商品标准并结合中国獭兔皮的生产情况，把獭兔皮暂分为甲、乙、丙三个正式等级。

1. 甲级皮

绒毛丰厚平顺，毛色纯正，色泽光润，无旋毛、脱毛、油烧、烟熏孔洞、破缝，板质良好，板质洁净，全皮面积在0.11米^{2}以上。

2. 乙级皮

绒毛丰厚平顺，毛色纯正，色泽光润，无旋毛，绒毛略空疏或略具短芒，板质良好，皮板洁净；或具甲级皮面积，次要部位破洞两处（总面积不超过7厘米^2）；或具有甲级皮质量，全皮面积在0.09米^{2}以上。

3. 丙级皮

板质良好，绒毛空疏或具短芒，毛绒欠平齐，毛色纯正；或具甲级、乙级皮面积，次要部位破洞3处（总面积不超过10厘米^2）；或具有甲级皮质量，全皮面积在0.07米^{2}以上。

凡不符合等级皮要求的，均列为等外皮，等外皮按一般家兔皮规格按质论价；具有甲级皮质量，全皮面积在0.16米^{2}以上列为特级皮。

三、獭兔皮鉴定

獭兔皮的商品分级标准是鉴定兔皮品质的依据，也是商品使用价值的衡量标准。主要根据毛绒丰厚程度、色泽是否纯正、皮张面积是否符合规格、板质情况等因素进行综合评定。

（一）兔皮的评定方法

主要通过看、抖、摸、量来评定兔皮质。

1. 看

一看皮板是否完整，二看皮板是盐板皮还是板钉皮（也称为甜板皮）。目前市场收购盐板皮，凡是板钉皮一般都降级收购。三看

毛面，检查平整度、色泽、厚度、毛的精细等。宰杀时千万不要沾水和粘上污垢，以免影响毛皮外观质量。四看板面，死兔子皮一般板面发青、发红、发黑、板面粗糙。活着宰杀的兔皮皮板发白、有弹性、有光泽、表面滑润。

2. 抖

一手捏住兔皮头部，一手执其尾部，然后用捏住尾部的手上下轻轻抖动毛皮，观察被毛长短、平整度及绒毛附着度等。如果粗毛突出毛面或粗毛含量过多，均应降级处理；宰杀、剥制、加工过程中处理不当或春、秋季节脱换毛期剥制的兔皮，则会引起脱毛现象。经抖皮出现毛绒脱落即为脱毛皮，必须降级。

3. 摸

就是用手指触摸皮毛，以检查被毛弹性、密度及有无旋毛，并用手指插入被毛检查厚实程度。用嘴逆毛方向吹开被毛，使其形成漩涡中心，根据露出皮板面积大小评定密度，最好的密度为漩涡中心看不到皮板。一般臀部最密，背部次之。

4. 量

必要时用尺子测量皮板的长度和宽度，计算其面积。

（二）兔皮的评定依据

衡量兔皮特别是獭兔皮品质好坏，主要依据是绒毛、色泽、板质、面积和伤残等。

1. 绒毛

评定獭兔毛皮品质最重要的是绒毛的丰厚度、平整度和针毛含量。丰厚度是指单位面积内着生的绒毛数量，除受品种遗传因素影响外，还受营养、年龄和季节的影响。营养条件越好毛绒越丰厚；青壮年兔比老龄兔丰厚；冬季皮比夏季皮丰厚；北方皮比南方皮丰厚。平整度是指绒毛长短均衡程度，如果针毛多而突出于毛面，就会失去獭兔毛皮固有的特色。影响平整度和针毛含量的主要因素有营养条件和取皮时间，营养条件越差，则针毛含量越多。未经换毛的毛皮，其针毛含量往往高于经换毛后的适龄毛皮。

2. 色泽

对色泽基本要求是符合品种色型特征、毛色纯正、色泽光亮。

影响色泽纯正度的因素主要是遗传和年龄。颜色不同的獭兔杂交，其后代容易出现杂色；年龄不同其色泽也有较大差异，一般以 5 月龄至周岁前后最为纯正而富有光泽。老龄兔和 4 月龄以前的青年兔毛皮色泽较淡并缺少光泽。此外，管理较差、营养不良、疾病等因素均会影响毛皮的色泽。

3. 板质

是指皮板质量而言，要求薄厚适中，质地坚韧，板面洁净，色泽鲜艳，被毛附着度牢固。青年兔适时取皮，板质一般都比较好，老龄兔板质比较粗糙、过厚，夏季取的皮皮板较薄，易破裂，绒毛也容易脱落。有的板质不好，是由于剥制与加工不当，晾晒、贮存与运输不当造成的。

4. 面积

面积大小关系到皮张的利用价值，通常以原干板为标准，鲜皮、皱缩板在评定时应正确测量，酌情伸缩，撑拉过大的皮张一律降级或作次皮处理。

5. 伤残

伤残缺陷直接影响到皮张的利用价值。鉴别伤残缺陷时，应区分软伤与硬伤，伤残处数的多少，面积大小，分散还是集中等，全面衡量影响皮张质量的程度。

（三）检查皮毛平整度的方法

一只手拽住兔的双耳将其拎起，另一只手将兔毛抹平，然后前后左右观察，看看有无凹凸不平的地方。被毛的平整度是商家验皮的关键，是一项技术很强的工作，主要通过实践，逐步摸索。

（四）加工要求

宰剥适当，形状完整，去头、腿、尾，刮净肉屑，形成片皮，平展晾干。

四、养殖过程中注意影响皮毛质量的因素

（一）影响皮板厚度的几个因素

1. 月龄

5～6 月龄的成兔在适宜季节宰杀取皮，皮板的厚薄为最佳。

青年兔取皮，皮板一般较薄，老龄兔取皮，皮板较厚。

2. 季节

冬季取皮板质最好，夏季取皮板质最差。

3. 营养

兔肥皮板好，兔瘦皮板差。

（二）影响被毛平整度的几个因素

1. 换毛

处在换毛期的兔子不能宰杀。

2. 外伤

分笼过晚，兔子相互撕咬，造成铜钱大小的缺毛或毛长出后，出现坑洼不平的现象。

3. 营养

因饲料配比不合理，造成兔子隔笼相互之间咬毛，造成缺毛现象发生。

4. 疮疤

葡萄球菌感染、真菌病、疥螨病或注射疫苗不当造成皮肤感染，损坏皮毛。

5. 其他

宰杀兔子的时候，一定要仔细检查，特别是脖后部位，凡影响皮毛完整的都会降低商用价值。

（三）影响被毛密度的几个因素

1. 遗传

我国现有美系獭兔退化严重，5 月龄体重多在 2～2.5 千克，皮张面积只有 0.07～0.09 米^2，一张完好的獭兔皮充其量只达 2 级皮。当务之急要进行品种改良。

2. 月龄

4 月龄以前体重低于 2.5 千克的，绒毛不够丰满，胎毛脱换未尽，毛粗绒稀，板质轻薄，商用价值不高。

3. 营养

饲料营养条件不高，兔子消化能力不强，直接影响被毛密度和光泽度。

4. 季节

一般情况下，冬皮比夏皮丰厚，青壮龄兔比幼龄兔被毛丰厚。

（四）影响兔皮质量的几个因素

1. 剥皮季节

獭兔皮宰杀季节不同，皮板与被毛质量有很大差异，因此需要特别注意。

2. 宰杀月龄

月龄对毛皮质量有一定影响，4～6 月龄的青壮年兔质量最好，3 月龄以下或老龄兔皮商品价值均很低。

3. 品种与遗传

从品种上来说，我国目前的獭兔品种有美系、德系、法系及德美杂交、法美杂交或德美法三系杂交等多个品种。目前国内美系獭兔退化现象极为严重。

4. 饲养管理

饲养管理的好坏直接影响獭兔毛皮的质量。饲料营养不足，会使被毛灰暗，没有光泽，毛密度下降，毛纤维变细，皮板变薄；管理不好，会使被毛脏乱，易患体外寄生虫，特别是螨虫和真菌病感染，造成伤疤皮，影响毛皮质量；青年兔不及时分笼，会导致相互撕咬，出现伤痕皮。所有兔群应按品种、月龄、性别等分群管理。

5. 产地差异

獭兔皮存在明显的地区差异，一般皮张北方优于南方，种好的地区优于种差的地区。但近年来，浙江皮皮张质量名列前茅。

6. 其他因素

屠宰和剥皮技术不佳、防腐不及时和贮藏、运输不适当等都会影响毛皮质量。

(1) 加工不当　加工不当常会产生刀洞、歪皮、偏皮、缺材、

撑板、折裂、皱缩等问题。

(2) 存贮不当 存贮不当常会出现陈皮、烟熏、油烧、受闷、霉烂及虫蛀皮等现象。

上述问题在验兔、收兔、宰兔、皮张处理、保存、运输等过程中都应避免发生。

第二节 獭兔肉的品质特点

被誉为“保健肉”、“美容肉”的冻兔肉产品，近年来不仅在国内颇受消费者欢迎，而且在欧美、日本、东南亚市场上也十分俏销，需求量不断增加，特别是去骨肉如以腿、胸等部位分割的小包装肉更受青睐。獭兔肉同其他肉类相比具有以下优点。

一、营养丰富均衡

兔肉和任何畜禽肉一样都含有蛋白质、脂肪、碳水化合物、维生素、矿物质和水分，但其含量明显高于其他畜种。具体成分含量如下所述。

1. 蛋白质含量高、质量好

据测定，鲜兔肉中蛋白质约占21%。若以干物质计算可达70%之多，比猪肉、牛肉、羊肉含量都高。兔肉中含有多种氨基酸，其中赖氨酸（9.6%）和色氨酸（1.8%）的含量高于其他肉类。

2. 脂肪含量低

鲜兔肉中仅含脂肪8%，若以干物质计算，也只能达到27%，比猪、牛、羊肉含量少得多。而且含磷脂多而胆固醇少，其比例为25∶1或19∶1。

3. 矿物质含量高

兔肉中钙的含量（0.026%）较高，而鸡肉中只含0.015%，猪肉中0.006%，牛肉0.024%。

4. 碳水化合物含量高

兔肉中含有0.75%的碳水化合物，高于牛肉（0.06%）、羊肉

(0.03%) 及马肉 (0.45%)。

5. 肌纤维细嫩、易消化

兔肉中肌纤维细嫩，消化率可达85%，高于其他肉类。因此兔肉是幼儿、老人、病人、体弱者最理想的肉类。

二、具有美容保健作用

现代营养和医学家研究表明：兔肉与其他肉类相比，具有“三高三低”的特点，即蛋白质含量高、矿物质含量高、人对兔肉的消化率也高；脂肪含量低、胆固醇含量低、热量也低，被世界各国公认为保健肉。兔肉的蛋白质含量超过猪肉、牛肉和虾，而且含有人体不能合成的8种必需氨基酸；胆固醇低但卵磷脂多，可保护心血管，因此，兔肉是高血压、肥胖症、动脉硬化患者和老年人最理想的肉食品。

1. 兔肉的祛病强身作用

据李时珍《本草纲目》记载：“兔肉主治凉血，解热毒，利大肠”；并对兔肉、血、脑、骨、肝、皮、毛等药理作用进行阐述。中医认为：兔肉性凉、味甘，入脾、胃、大肠经，功效主治补中益气，可治疗脾胃虚弱所致的饮食减少、疲乏无力；养阴润燥，可治疗阴血不足所致的消渴、多饮、大便秘结、形体消瘦；清热凉血，可治疗血热妄行所致的吐血、便血等病症。因此，古代认为兔肉有“祛病强身”的作用。

2. 兔肉的强身功能

走兽莫如兔，飞禽莫如鸪。兔肉的营养价值是畜禽肉中最高的，其蛋白质含量平均达22.45%，高于猪肉 (17.25%)、牛肉 (20.07%)、羊肉 (16%)、鸡肉 (19%)。兔肉富含人体所需的各种氨基酸和矿物质，而且赖氨酸和钙的含量很高，对人体新陈代谢，特别是对儿童生长发育和防止中老年人骨质软化有很大益处。科学家据此称之为“强身肉”。

3. 兔肉的保健功能

胆固醇因不溶于水，也不溶于稀酸和稀碱，不能皂化，在胆道中沉积容易形成胆结石，在血管壁上沉积容易造成动脉粥样硬化，

并容易导致心血管病、脑血管病。而兔肉中的胆固醇含量仅为0.05%，低于鸡肉（0.09%）、牛肉（0.14%）、猪肉（0.15%）。因此，兔肉是高血压、冠心病、动脉硬化和糖尿病等患者的理想食品。据此专家称之为“长寿肉”。

4. 兔肉的美容功能

兔肉中的脂肪含量不到2.1%，低于瘦猪肉（6.5%）、牛肉（6%）、羊肉（7.7%）、鸡肉（7.5%）；兔肉的碳水化合物含量不到0.1%，低于牛羊肉0.3%、鸡肉0.4%。因此常吃兔肉不容易发胖。兔肉富含B族维生素，特别是烟酸含量高，不但能促进营养素的转化与合成，也能消除皮炎，防止皮肤粗糙，使肌肤细嫩光滑。科学家据此称之为“美容肉”。

5. 兔肉的益智功能

兔肉含有人体不能合成的不饱和脂肪酸，特别是卵磷脂，每100克兔肉中含1625毫克，是人脑组织细胞发育中不可或缺的重要营养素。因此，常吃兔肉有利于儿童智力发育，也有利于防止老年痴呆。科学家据此称之为“益智肉”。

6. 兔肉的养胃功能

兔肉肌纤维细嫩，味道鲜美，烹调时熟得快，食后消化快，容易吸收。兔肉的消化率为85%，高于猪肉（75%）、牛肉（55%）、鸡肉（50%），特别适于患者在患病期间和康复期间食用，帮助患者尽快恢复体力，是慢性胃炎、十二指肠溃疡、结肠炎患者和体弱多病者的理想滋补食品。

三、烹饪方法繁多，熟制简单

兔肉像鱼肉一样省时易烹，热炒凉拌均可，食用极为方便。兔肉已被联合国世界粮农组织和世界营养协会定为21世纪最佳肉类食品。

兔肉的烹调方法很多，目前收集到的民间特色烹调方法有208种，民间食疗保健菜谱有80余种。另外，兔肉的加工制品有熏兔、酱兔、腌腊兔、兔肉罐头、兔肉香肠、兔肉松、兔肉脯、兔肉干等70余种。

第三节 獭兔的屠宰加工

獭兔贵在皮毛，通常以毛皮质量来衡量产品的商品价值，宰杀去皮技术的好坏往往会影响到毛皮的质量和收购价格。因此，獭兔的屠宰加工必须引起足够的重视。

一、獭兔的屠宰加工流程

目前，我国獭兔的屠宰加工流程为：屠宰→放血→剥皮→出腔→修割→水洗→预冷→分割→速冻→冷藏→销售。具体操作要点如下。

1. 獭兔进厂要求

獭兔进厂时重量应控制在3.0千克以上。活兔一般在屠宰前12小时进厂，屠宰前不宜饲喂饲料，可喂少量的清洁饮水。这样可让屠宰后兔肉品质得到改善，也节省成本。

2. 电击

采用70赫兹、180伏的高频电流对活兔进行电击使其昏厥。目的是防止屠宰时活兔剧烈挣扎，导致屠宰后兔肉pH值变化，肉色泽暗，品质较次。

3. 放血、剥皮、出腔

根据生产规模，可采用人工操作或机械化完成。应注意选择4℃温度环境，符合肉制品加工的卫生标准。放血应放尽，以免影响兔肉的色泽和品质，造成兔肉成品加工困难。

4. 兔肉的分割与整理

兔肉的分割是根据兔肉产品加工方法和兔肉胴体不同部位的质量等级，分割为头、颈、前腿、后腿、背脊、肋、肚腩等。保证兔肉上的淤血、残碎肉、黑色素肉、粗血管、淋巴结割去，除去兔肉表面的骨渣，将兔肉整理成形。

5. 冷却降温

先采用空压送风，使兔肉组织温度在45分钟内降到12℃。然后在4℃环境中，将兔肉温度降至10℃。

6. 速冻冷藏

冷却后的兔肉，在－40℃的温度条件下，9 小时后兔肉温度降至－20℃，兔肉呈冻结状态，然后将冻兔肉贮藏于－20℃的冻库。

二、獭兔的屠宰方法

屠宰质量的好坏是获得优质兔肉和皮质的关键环节，它包括宰前准备、处死方法、放血方法等环节。

（一）宰前准备

为了保证兔皮和兔肉的品质，对候宰兔必须做好宰前检查、宰前饲养和宰前断食等工作。

1. 宰前检查

候宰兔必须体况健康。兽医检疫人员应了解候宰兔产地的疫病情况，并转入隔离舍饲养，作详细的临床检查和实验室诊断。经诊断确属健康者，方可转入饲养场进行宰前饲养。

2. 宰前饲养

候宰兔经兽医检疫人员检查后可按产地、强弱等情况分群、分栏饲养，饲料应以精料为主，青料为辅，尤以大麦、麸皮、玉米、甘薯、南瓜等为最好。在宰前饲养中还必须限制獭兔运动，以保证休息，解除运输途中产生的疲劳和刺激，提高产品质量。

3. 宰前断食

确定屠宰的兔子，宰前断食 8 小时，只供给充足的饮水。宰前断食不仅有利于屠宰操作，保证皮张质量，而且还可节省饲料，降低成本。

（二）处死方法

獭兔处死的方法很多，常用的有颈部移位法、棒击法和电麻法等。

1. 颈部移位法

在农村分散饲养或家庭屠宰加工的情况下，最简单而有效的处死方法是颈部移位法。术者用左手抓住兔后肢，右手捏住头部，将兔身拉直，使头部向后扭转，突然用力一拉，兔子因颈椎错位而

致死。

2. 棒击法

用左手紧握兔的两后肢，使头部下垂，用木棒或铁棒猛击其头部，使其昏厥后屠宰剥皮。棒击时须迅速、熟练，否则，不仅达不到击昏目的，并且兔子骚动易发生危险。此法多用于小型獭兔屠宰场。

3. 电麻法

用电压为40～70伏、电流为0.75安的电麻器轻压耳根部，使獭兔触电致死。这是正规屠宰场广泛采用的处死方法。

另外，农村常用尖刀割颈放血或杀头致死，容易沾污毛皮和损伤皮张，一般不宜采用。

（三）放血方法

獭兔宰杀取皮要破除长期形成的先宰杀放血后剥皮的传统方法，改为先处死、剥皮，后放血的新方法，以减少毛皮污染。目前，最常用的放血方法是颈部放血法，即将剥皮后的兔体侧挂在钩上，或由他人帮助提举后腿，割断颈部的血管和气管放血。根据操作实践，倒挂刺杀的放血时间以3～4分钟为宜，不能少于2分钟，以免放血不全，影响兔肉品质。放血充分的胴体，肉质细嫩，含水量少，容易贮存；放血不全的，肉质发红，含水量高，贮存困难。

三、獭兔皮的剥离

獭兔处死后应立即剥皮。目前，市场上的剥皮方法有套剥和平剥两种。

1. 套剥法

先将已宰杀家兔的一后肢倒挂，使头部朝下。然后将四肢中段的皮肤环形剪开切口，在阴部上方开一小口，再沿两后肢内侧中线将皮肤剪开，挑至两后肢跗关节处，再逐渐剥离腿部皮肤，自阴部上方剥开皮肤1寸左右，翻转，使皮板朝外，毛朝内，然后两手握住皮板，均衡向下拉扯至头部，使皮肉分离。嘴部、眼部、耳部等天然孔要小心剥离，保持外形完整。用这种方法剥皮，兔毛不易粘在肉尸上。

注意点：在剥皮退套时不要损伤毛皮，不要挑破腿肌或撕裂胸腹肌。

2. 平剥法

将屠宰后的家兔放在平台上，使腹部朝上，在四肢中段将皮肤环形剪开切口，然后在腹部开一小口，沿腹中线将皮肤纵向切开，逐渐剥离即可。

剥皮是一项繁重的劳动，现代化獭兔屠宰场多采用机械剥皮，如上海食品公司冻兔加工厂已试制成功链条式剥皮机，工效比手工作业提高5倍左右。中小型獭兔屠宰厂可采用半机械化剥皮法，即先用手工操作，从后肢膝关节处平行挑开剥至尾根，用双手紧握腹、背部皮张，伸入链条式转盘槽内，随转盘转动顺势拉下兔皮。

四、獭兔屠宰后的胴体处理

处死、剥皮、放血后的胴体，立即剖腹净腔。先用利刀切开耻骨联合处，分离出泌尿生殖器官和直肠，然后沿腹中线切开腹腔，除留肾脏外取出全部内脏器官，在前颈椎处割下兔头，在跗关节处割下后肢，在腕关节处割下前肢，在第一尾椎骨处割下尾巴。最后用清水洗净胴体上的血迹和污物。

我国出口的冻兔肉，主要分为去骨兔和带骨兔两种。带骨兔肉按重量分为四级，去骨兔肉主要按解剖部位进行分割。

1. 带骨兔肉的分级标准

（1）特级　每只净重1500克以上。

（2）一级　每只净重1001～1500克。

（3）二级　每只净重601～1000克。

（4）三级　每只净重400～600克。

2. 去骨兔肉的分割部位

（1）前腿肉　自第2颈椎至第10、11胸椎，向下至肘关节进行分割，剔出椎骨、胸骨、肩胛骨，沿背线劈成左、右两半。

（2）背腰肉　自第10、11胸椎至荐椎进行分割，剔出胸椎和腰椎。

（3）后腿肉　自荐椎向后，下部至膝关节进行分割，剔出荐椎、尾推、额骨、股骨、胫骨及胫腓骨上端。

根据不同国家的不同要求，参考出口规格，应剔除脊椎骨、胸骨和颈骨。

五、獭兔肉的产品包装

带骨兔肉包装前必须将两前肢尖端伸入腹腔，两后肢须呈弯曲状，用无毒塑料薄膜将每只带骨兔肉包卷一圈半（背部须包两层）装袋。纸箱或塑料箱大小以57厘米×32厘米×17厘米比较适宜，每箱净重20千克。用无毒塑料薄膜包装每块去骨兔肉，每箱装4块，净重20千克。

六、獭兔肉的成品贮藏

出口冻兔肉一般采用速冻冷藏法。即将分级、装箱后的兔肉送入温度为－25℃以下，相对湿度为90％的速冻车间，分层排列铁架上。速冻60～70小时，待肉温达到－15℃以下时，转入冷藏库，冷藏库车间温度应保持在－19～－17.5℃，相对湿度为90％。温度要保持稳定，若忽高忽低，易造成肉质干枯和脂肪变质而影响兔肉的品质。

第四节　獭兔原料皮的加工处理

刚从兔体上剥下的生皮叫鲜皮。鲜皮含有大量水分、蛋白质和脂肪，极适宜各种微生物繁殖，如不及时进行加工处理，就很有可能腐败变质，影响毛皮品质。

一、獭兔原料皮的初加工

一般的獭兔屠宰加工厂，由于技术和资金的限制，对獭兔原料皮的处理只能控制在初级阶段，只有大型商品化大型皮革加工厂才能进行深度加工处理。

（一）清理脱脂

清理工作，家庭通常采用木制刮刀进行，清理中应注意以下三点。

① 清理刮脂时应展平皮张，以免刮破皮板。

② 刮脂时用力应均衡，不宜用力过猛，以免损伤皮板，切断

毛根。

③ 刮脂应由臀部向头部顺序进行，如逆毛刮脂，易造成毛皮穿孔、流针等伤残。

（二）消毒

在某些情况下，原料皮可能遭受各种病原微生物的污染，为了防止传染源的扩散和传播，在原料皮加工前，可用甲醛熏蒸消毒，或用2%盐酸和15%食盐溶液浸泡2～3天，则可达到消毒的目的。

（三）防腐

鲜皮防腐是毛皮初步加工的关键，防腐的目的在于促使生皮造成一种不适于细菌作用的环境。目前常用的防腐方法主要有干燥法、盐腌法和盐干法等。

1. 干燥法

即通过干燥使鲜皮中的含水量降至12%～16%，以抑制细菌繁殖，达到防腐的目的。具体方法是先在皮套内（毛面）涂抹或喷洒杀虫剂，然后及时用8号铁丝作成的撑架撑开，刮净连在皮面上的油脂块、残肉、筋腱、乳腺等。若不具备铁丝撑架，也可用木制或竹制的具有相当弹力的撑弓代替。撑好后，挂在阴凉、干燥、通风处迅速晾干。鲜皮干燥的最适温度为20～25℃，相对湿度60%～65%。不可放在太阳下暴晒，以防皮板龟裂。待兔皮充分干燥后，将皮卸下即可。此法的优点是操作简单，成本低，皮板洁净，便于贮藏和运输；缺点是皮板坚硬，容易折裂，难于浸软，贮藏保管过程中易受虫蛀。

2. 盐腌法

即利用食盐或盐水处理鲜皮，是防止生皮腐烂最普通、最可靠的方法。用盐量一般为皮重的30%～50%，将其均匀撒布于皮面，然后板面对板面堆叠1周左右，使盐溶液逐渐渗入皮内，达到防腐的目的。

盐腌法防腐的毛皮，皮板多呈灰色，紧实而富有弹性，湿度均匀，适宜长时间保存，不易遭受虫蚀；主要缺点是阴雨天容易回潮，用盐量较多，劳动强度较大。

3. 盐干法

这是盐腌和干燥两种防腐法的结合，即先盐腌后干燥，使原料皮中的水分含量降至20%以下。鲜皮经盐腌，在干燥过程中盐液逐渐浓缩，细菌活动受到抑制，达到防腐的目的。

盐干皮的优点是便于贮藏和运输，遇潮湿天气不易迅速回潮和腐烂；主要缺点是干燥时皮内有盐粒形成，可能降低原料皮的质量。

二、獭兔原料皮的贮藏

鲜皮经脱脂、防腐处理后，虽然能耐贮藏，但若贮存保管不当，仍可能发生皮板变质、虫蚀等现象。目前，獭兔皮贮藏的方式以常温贮藏为主，且不可进行冷冻保存，以免降低原料皮的质量。

1. 库房要求

贮存原料皮的库房要求地势高燥，库内要通风、隔热、防潮、防虫。建筑物应当坚固，屋顶不能漏水，地面最好为木地板或水泥地，要有防鼠、防蚁设备。库房温度最低不低于5℃，最高不超过25℃。相对湿度保持在60%～70%。

2. 入库检查

原料皮入库前进行严格的检查，并经常翻垛。没有晾干或带有虫卵和大量杂质的皮张，必须剔出。湿皮应及时晾干；生虫的原料皮应除虫或用药物处理后再入库；含大量杂质的皮张需加工整理后方能入库。

3. 库房管理

在库房内，生皮应堆在木条上，按产地、种类、等级分别堆放。皮板上撒防虫剂，如精萘粉、二氯化苯等。在库房内发现虫迹，必须及时翻垛检查，采取灭虫措施。一般情况下每月检查2～3次。

三、獭兔毛皮的鞣制

鲜皮阴干后，皮质地僵硬，易折裂，怕水，有臭味，易腐烂，难保存，不美观，不宜直接使用，必须进行鞣制。毛皮的鞣制方法有很多种，主要有：铬鞣、铝鞣、铬铝结合鞣、明矾鞣、甲醛鞣

等，其工艺过程大致相同，一般分为准备工序、鞣制工序、整理工序等。

（一）准备工序

鞣制毛皮时，首先要将原料软化，恢复鲜皮状态，除去皮毛加工中不需要的成分（皮下组织、结缔组织、肉渣、肌膜等），包括浸水、修整、脱脂及水洗等过程。

1. 浸水

浸水目的就是使原料皮恢复到鲜皮状态，除去部分可溶性蛋白质，并除去血污、粪便等杂物。浸水的温度随原料皮的种类而定，一般以15～18℃为宜，如在15℃以下皮的软化慢，20℃以上细菌容易繁殖。

（1）浸水的时间

① 一般盐皮或盐干皮，在流水中浸泡5～6小时即可。

② 若存放时间很长的干皮或盐干皮，应在浸泡时再加以物理或化学的方法使其软化，浸泡时间可在20～24小时。

（2）要求　要求皮张不得露出水面，浸软、浸透、均匀一致。浸水要特别注意掌握温度以及浸水时间。利用生皮在碱性水中膨胀的原理，减少生皮浸水时间，抑制细菌繁殖，常在浸水中加入硫化钠、氢氧化钠、氢氧化铵、亚硫酸钠等。氢氧化钠的用量为0.2～0.5克/升，硫化钠用量为0.5～1克/升。

2. 修整

将浸水软化后的毛皮，里面向上铺在半圆木上，用弓形刀刮去附着在肉面上的脂肪、残肉等，为了不伤害毛根，在刮时可在圆木上先铺一层厚布。修整与下一步的脱脂有密切的关系，若残留脂肪多不利脱脂。用弓型刀刮里面的作用还在于通过挤压，使皮里面的残存脂肪升到皮表面，利于脱脂。

3. 脱脂及水洗

毛皮成品的好坏决定于脱脂是否彻底。在脱脂过程中，应当脱掉脂肪，又不损伤毛皮。

（1）原理　其原理就是利用碱与油脂生成肥皂的性能，除去被毛上的油脂。若碱液过浓或利用强碱，能使毛皮的角质蛋白受到破坏，使毛失去光泽变脆。一般使用纯碱，它的碱性软弱，既能除去油脂，对毛又无损害。但在配置碱液时浓度也要掌握好，浓度过低达不到脱脂的目的，产品变硬并留有动物原有的臭味，对下步鞣制也会带来影响，使皮僵硬而不耐用。

（2）脱脂方法　首先配置脱脂液，肥皂3份，碳酸钠1份，水10份，先将肥皂切片，投入水中煮开溶解，然后加入碳酸钠，溶解后放凉待用。在容器中加入湿皮重4～5倍温水（38～40℃），再加入上述脱脂液5%～10%（兔皮、羊皮5%，狗皮10%），然后投入削里的毛皮，充分搅拌，5～10分钟后重新换一次液，再搅拌，直至脱去毛皮特有的油脂气味，且脱脂液泡沫不消失为止。脱脂液也可用洗衣粉（3克/升）、纯碱（0.5克/升）配制，使其加工液与湿皮重成10～12倍的比例，加温到38℃，脱脂搅拌40分钟，现市面的加酶洗衣粉用起来更好，1升水3克洗衣粉、0.5克纯碱。按规定时间脱脂后的毛皮，应立即水洗，除去肥皂液，洗涤冲洗干净后，出皮凉干。

（二）鞣制工序

目前，鞣制工序主要包括浸酸、软化和鞣制过程。

1. 浸酸

用酸和中性盐溶液对毛皮进行处理，使真皮纤维进一步疏松。

2. 软化

目前使用的酶制剂在软化皮板的同时还会松动毛根，一般以皮板感觉疏松，拇指轻推后肷部稍有脱毛现象，即为完成软化。

3. 鞣制

目的就是把甲醛或碱式铝盐和铬盐与皮板纤维的氨基作用，将生皮鞣制成柔软、丰满、有一定生物化学性能的毛皮。

◆ 鞣制过程实例

1. 配制鞣液

明矾4～5份，食盐3～5份，水100份。先用温水将明矾溶解，然后加入剩余的水和食盐，使其混合均匀。

2. 原理

明矾溶解水中后，产生游离硫酸，能使皮中蛋白纤维吸水膨胀。加盐的目的是抑制膨胀，但加食盐多少要依温度而定，温度低时，可少加食盐，温度高时可多加食盐，一般可按1份明矾加0.7～2份食盐。

3. 鞣制方法

料液比（4～5）：1，（湿皮重为1时，鞣制液4～5）放入容器中，使毛皮充分浸泡在料液中，为了使料液均匀渗入皮质中，要充分搅拌（最好采用转鼓），隔夜以后每天搅拌一次，每次搅拌30分钟左右，浸泡7～10天鞣制结束。

4. 检查方法

是否鞣制好的检查方法，可将浸皮取出，皮板向外，毛绒向内迭折，在角部用力压尽水分，若迭折处呈现白色不明，呈绵纸状，证明鞣制结束。鞣制时水温低，不仅延长鞣制时间，而且皮质变硬，最好温度保持在30℃左右，鞣制后内面不要用水洗，仅将毛面用水清洗一下即可。用明矾鞣制毛皮洁白而柔软，但缺乏耐水性和耐热性。

（三）整理工序

1. 加脂

皮中原有的脂肪已在加工中除去，为了使皮纤维周围形成脂肪薄膜保护层，提高皮的柔软性、伸屈性和强度，因此必须加脂。如蓖麻油10份、肥皂10份、水100份，将肥皂切片加水煮沸溶解，再徐徐加入蓖麻油乳化。

加脂方法：将上叙加脂液涂抹于半干的毛皮内面，涂布后重迭（内面与内面合），放置一夜使其干燥。

2. 回潮

加脂干燥后的毛皮皮板很硬，为了便于刮软，必须在内面里适当喷水，这一个过程称为“回潮”。可用毛刷刷，也可用喷雾器喷内面。用明矾鞣制的毛皮，因其缺乏耐水性，最好用明矾鞣液涂布，将涂抹后的毛皮内面与内面迭折，用油布或塑料布包裹好，压一石块，放置一夜，使其均匀吸水，然后进行刮软。

3. 刮软

将回潮后的毛皮，铺于半圆木上，毛面向下，用钝刀轻刮内面，使皮纤维伸长，面积扩大，皮板变柔软。

4. 整形及整毛

为了使刮软后的皮板平整，需要进行整形，将毛面向下钉于木板上，进行阴干，避免阳光暴晒，充分阴干后用浮石或砂纸将面磨平，然后从钉板上取下修边，再用梳子梳毛，若破皮应缝好，这就全部完成了。

四、獭兔皮张的应用

獭兔皮具有绒毛细密整齐、光泽美丽好看、皮板轻柔结实、保温防潮性能好、色性较多、饲养成本较低等特点，是物美价廉的高级制裘原料。

利用自然颜色或人工染色制裘出来的獭兔皮，可制作出各式各样的兽皮产品，如服装、披肩、围巾、帽子、手套、挂毯、床上用品等，其下脚料还可以制成仿制动物等玩具，均深受国内外市场的欢迎。

第五节　獭兔肉产品的开发利用

獭兔肉以高蛋白、营养性而深受广大消费者的喜欢。随着獭兔肉消费群体的扩大，獭兔肉高端产品的开发也日渐成熟。目前，市场上已开发生产的獭兔熟食场频有板兔、五香兔肉、缠丝兔、发酵兔肉和肉松等系列品种。

一、板兔加工制作

1. 主料

选膘肥肉满、健壮无病、1.5 千克以上家兔，宰杀剥皮，开膛去脏，斩断脚爪。为使之成板状，可用竹片撑开。

2. 配料

每 100 千克兔肉，用食盐 5 千克、黄酒 2～2.5 千克、蔗糖 4.5 千克、酱油 3.5 千克、硝酸钠 50 克。

3. 腌制

将辅料混匀，抹擦兔体内外，也可用冷水 15 千克溶解辅料湿腌。入缸腌制 3 天，每天翻缸 1 次。然后出缸将兔子放在案板上，面部朝下，前腿扭转到背上，将背和腿按平后撑开成板形，挂晒风干，亦可烘烤，即为成品。

二、五香兔肉的加工制作

1. 主料

选用 1.5～2 千克的家兔，宰杀后将整只兔肉除去淤血、杂污和毛，用清水洗净，分为头、颈 2 块，前后腿 4 块，中部 1 块。然后入锅加水，用旺火煮沸 5 分钟，除去腥气，然后用凉水漂洗，冷却备用。

2. 配料

兔肉 100 千克配丁香 100 克、乳香 100 克、桂皮 100 克、八角 100 克、陈皮 100 克、硝水 100 克、精盐 100 克、麻油 3 千克、黄酒 5 千克、白糖 6 千克、上等酱油 5 千克。将五味香料碾碎，装袋扎口，装入锅内，再加适量清水，放入酱油、黄酒、白糖和精盐，在旺火上煮成卤水。

3. 浸卤

将兔肉块放入卤锅，以旺火煮透后捞出，抹去浮汁；晾凉后再用清水漂洗 1 小时，取出沥干。用硝水、葱花、姜汁配成溶液，放入肉块浸泡 30 分钟左右，取出沥干；再用熟麻油涂抹肉表面即为成品。

三、缠丝兔的加工制作

缠丝兔是南方著名兔肉加工产品，尤以四川驰名，加工历史悠久，制作精细，造型美观，风味独特。

1. 原料预制

选用 3～4 个月龄的健康肥兔，屠宰剥皮后去除内脏，洗净淤血，沥干入缸腌制。在经干炒的精盐中加入 0.025％的硝粉和 0.1％的五香粉，混匀后，按每只兔体用 25 克的比例，均匀撒在兔肉表面，然后装叠入缸，腌制 4～5 天，第 3 天要翻缸 1 次。

2. 配制香料

兔肉腌后要进行涂香。香料的配制方法：豆豉 500 克、酱油 150 克、白砂糖 100 克、花椒 20 克、五香粉 20 克、芝麻 20 克、白酒 15 克、砂仁 10 克、豆蔻 10 克、胡椒 10 克。先把豆豉研磨成糊，再把其他干料研成末加入豆豉糊内，最后加入白糖、酱油、酒等，搅拌均匀成糊。涂香时，先割除兔的生殖器官、大静脉血管和筋腱等，然后撑开腹腔，用毛刷蘸香糊均匀地涂刷在腹腔内壁。

3. 缠丝挂晾

涂香后，用细麻绳从兔头部缠起，循螺旋状缠到后腿。缠丝间距以 1.5～2 厘米为宜，要缠得均匀结实。缠丝造型：前肢屈向腹侧，胸腹裹紧包扎；后肢尽量拉直，麻绳缠到后肢腕关节处收尾打结。缠好后吊在通风处挂晾 24 小时。

4. 烘烤成品

兔肉经挂晾后送入烤房进行干燥。烘烤温度以 50℃为宜，达到出品率 40%～50%为限。成品在室温下贮藏 2～3 个月其品质不变，如包装得好，贮藏期可达 6 个月左右。需食用时，应先做熟再解除缠住兔身的麻绳，这样肉体红棕油亮，脱绳处有似银丝的花纹。

四、发酵兔肉的加工制作

该产品肉质细嫩、色泽淡红、香气浓郁、咸酸适口，具有典型的泡菜风味。

(一) 原料

兔肉、食盐、白糖、生姜、花椒、胡椒、桂皮、八角等。

(二) 工艺流程

兔肉切块整理—煮制—沥水冷却—入坛—接种发酵—包装、杀菌—成品。

(三) 操作要点

1. 切块整理

将兔肉切成长 3～4 厘米、宽约 2 厘米、厚 0.5～2 厘米的肉块(带骨或剔骨均可)。

2. 煮制

将肉块放入沸水中煮制 2～3 分钟，煮制时间不能太长，否则肉块易收缩变小，产品肉质变硬。

3. 沥水冷却

从沸水中捞出肉块，放入清水中冷却，撇净油脂后沥干水分。

4. 腌渍液准备

按质量百分比加入 4%～5%的食盐和 3%的白糖于水中溶化待用。如要放入香辛料，可将香辛料用棉纱布包好，与水一起煮沸后冷却。

5. 入坛、接种

将肉块与腌渍液按体积比 1∶2 装入陶瓷坛，注意要使肉块浸没在液面下。用产酸能力较强的乳酸杆菌和干酪乳杆菌作为发酵菌株，对兔肉进行双菌株混合发酵，接入活化扩大培养好的菌液，盖好坛盖并水封。

6. 发酵

在恒温培养箱中于 36℃发酵 16～20 小时。

7. 加热灭菌

产品包装后在 0.11 兆帕、121℃条件下，灭菌 25 分钟。在常温下可贮藏 3 个月以上。

五、兔肉松的加工制作

兔肉松是将肉煮烂，再经过炒制、揉搓而成的一种营养丰富、易消化、食用方便、易于贮藏的脱水制品。其加工过程如下。

1. 原料

选用去骨、去脂肪、去筋腱的兔肉，然后顺肉纤维的纹路将肉切成肉条，再切成 0.33 厘米长的短条。

2. 配料

100 千克原料须备酱油 8 千克、食糖 6 千克、黄酒 6 千克、生姜 150 千克、味精 35 克。

3. 烧松加料

先将肉放入锅内，加水略过肉面，以旺火煮沸 1 小时，焖 2 小时。待肉煮酥后，撇除汤面上的浮油，扯散肌肉纤维，加入配料，继续用文火焖煮。煮至汤快干时，改用中火，用铁铲不停地翻炒，防止焦煳，即制成半成品。

4. 炒松去杂

半成品含水为 40%左右，质量为鲜肉的 50%。将半成品加入炒松机内继续加温，复炒至成品。如果无炒松机也可重入锅内复炒。应注意根据半成品含水情况调节炉火大小，复炒时防炒焦。翻炒 2.5～3 小时后，用手抓起肉松挤不出水即可，趁热将肉放入搓松机内进行揉搓；没有搓松机，可用经消毒的搓松板，进行人工搓松，同时拣出碎骨和没有搓散的团块。待冷却后，称量分装。

5. 成品包装

肉松金黄蓬松，清香扑鼻。因其吸水性强，须注意防潮。短期贮藏可装在防潮纸或塑料袋内，若长期贮藏应装在消毒后的玻璃瓶内。

第六节　獭兔副产品的加工利用

獭兔屠宰后的副产品很多，如不加利用，会造成很多不必要的浪费，如头、肝、胰、胆、肠、胃和粪便等。

一、脏器的利用

兔的脏器食用价值很低，弃之却十分可惜，一经综合利用，其经济价值甚为可观。

1. 肝脏的利用

在医药工业上，可以利用兔肝制成肝浸膏、肝宁片或肝注射液等。

2. 胰脏的利用

兔的胰脏既是消化腺，又是内分泌腺。其中胰腺中含有胰蛋白酶、胰脂肪酶、胰淀粉酶，利用胰脏可提取胰酶和胰岛素等。

3. 胆汁的利用

用兔胆汁提取胆汁酸，提取率可达3%左右，而牛、羊的提取率仅为0.3%。所以，兔胆是提取胆汁酸的良好原料。

4. 兔胃的利用

兔胃黏膜能分泌胃液，胃液中含有盐酸和胃蛋白酶原，在医药工业上常用兔胃提取胃膜素和胃蛋白酶等。

5. 兔肠的利用

兔肠很长，并且和肝、胃等同样含有生产肝素的原料，所以，在医药工业上常用兔肠提取肝素。

二、其他副产品的利用

1. 兔血的利用

兔血含有很多的营养物质，可加工成多种产品，供食用或药用，是动物蛋白饲料的来源之一。在兔血中可提取血清、血清抗原、凝血酶、亮氨酸和蛋白胨等。

2. 兔骨的利用

兔骨经高温处理后，可提炼出兔油；骨渣可提取骨粉、活钙或过磷酸钙；骨汤则可提取工业骨胶或医用软骨素、骨浸膏和骨宁注射液等。

3. 兔头的利用

兔头的食用价值很低，屠宰加工时多为废弃，但确是提取蛋白胨的好原料，如能开发利用，其经济价值甚为可观。

三、兔粪的利用

兔的粪尿是一种高效优质的有机肥料，一只成年兔，每年可积肥100多千克，10只成年兔相当于一头猪的积肥量。兔粪中氮、磷、钾的含量高于其他家畜。兔粪中含氮量约为牛粪的7.7倍，分别是猪、羊、鸡粪的3.8倍、3.3倍和1.5倍。

利用兔粪种植青饲料，就不需增加购买化肥的成本，从而提高经济效益。

第十五章　对獭兔饲养管理技术关键点的控制

对于初养者来说，饲养獭兔是有一定的困难。但只要熟悉了獭兔的生长发育规律，严格按着饲养技术操作规程去做，重视对獭兔不同生长阶段的控制，就一定能够养好獭兔。

第一节　对獭兔日常饲养管理关键点的控制

一、对种兔使用过程中关键点的控制

1. 对母兔性成熟期的控制

母兔第一次发情时间为3～4月龄，这期间不能配种。

2. 对母兔初配年龄的控制

以体重为准，达到标准体重的70%即可。具体情况参考表15-1。

表15-1　獭兔性成熟期和初配年龄情况表

类型	性成熟/月龄	初配月龄	初配体重/千克
中型	3.5～4.5	6～7	3.0以上
小型	3.0～3.5	5～6	2.0以上

3. 对种兔利用年限的控制

种公兔为2～3年，种母兔为2～2.5年。

二、对母兔发情后的处理

1. 产后发情早

母兔一般产后即发情，产后12～24小时配种受胎率高（称为频密繁殖）。

2. 断乳后普遍发情

此时配种平均受胎率很好，但产后8～12天配种也有一定受胎率（半频密繁殖）。

三、对配种过程中关键点的控制

1. 时机是关键

主要观察母兔阴道黏膜，正常阴道黏膜为苍白色，较干燥；刚开始发情时，阴道黏膜为粉红色，逐渐变为深红色，后期为黑紫色。配种一般在发情中期阴道黏膜呈大红色时，俗话说：粉红早，黑紫迟，大红正当时。

2. 人工辅助交配是必要手段

交配一般在公兔笼中，首先移出食槽、水盆，母兔后阴剪污毛，消毒，笼底垫纤维板，将母兔放入公兔笼中配种，配后猛击母兔臀部一掌，放回原笼。

3. 注意事项

① 公兔不配母兔时，更换一只公兔，但需母兔离开公兔笼后5～10分钟再使用另一只。

② 夏季在清晨或夜间，冬季在中午，春秋在日出或日落前后，喂后半小时进行。

③ 配后母兔排尿应补配。

④ 公兔连配2～3天休息1次。

四、对妊娠诊断关键点的控制

一般情况下，獭兔的妊娠诊断常使用摸胎法，在妊娠摸胎时应注意以下三个方面。

① 摸胎一般于配种后10～12天进行。

② 最好空腹时进行。

③ 切忌用力硬捏，确定母兔妊娠后不要再轻易摸胎。

五、对实施母兔催情时关键点的控制

如果母兔不发情，可采用如下方法催情。

① 孕马血清50～80单位或乙烯雌酚0.75～1毫升，2～3天发情配种。

② 维生素E1～2丸/只·日，连续3～5天。

③ 将母兔放入公兔笼中1小时，4～6小时后多发情。

④ 外阴涂2%医用碘酒或清凉油。

⑤ 光照时间控制在 14 小时以上。

六、对诱导分娩时关键点的控制

母兔如果超过产期而不产仔，有的母兔有食仔癖，需要在人工监护下产仔。寒冷季节为防止夜间产仔仔兔冻死，需要调整到白天产仔，可采用诱导分娩技术。诱导分娩技术对母兔是一种应激，不能乱用。具体方法如下。

1. 拔毛

乳头周围 2 厘米内的毛拔掉。

2. 吮乳

产后 5～10 天，5 只以上正常仔兔，6 小时以上没吃奶仔兔吃待产母兔奶 3～5 分钟。

3. 按摩

干净的温毛巾，拧干后放于右手，在母兔腹下按摩 0.5～1 分钟，放入产箱。

4. 观察及护理

一般 6～12 分钟即可分娩。

七、对接产及催乳时关键点的控制

1. 对实施接产时关键点的控制

① 产箱无异味，环境安静，白天产仔者要遮光。

② 产仔过程中准备温麸皮盐水汤或红糖水，母兔产仔后可及时补充体力，防止因母兔口渴而食仔。

③ 产后 6 小时内检查仔兔吃奶情况，如仔兔未吃上初乳要强制母兔哺乳。

2. 对实施催乳时关键点的控制

① 喂胡萝卜等多汁饲料。

② 豆浆 200 克加红糖 10 克，煮沸晾温后饮用，1 日 1 次。

③ 催乳片每只每日喂 3～4 片。

④ 芝麻一小撮，花生米 10 粒，食母生 3～5 片，捣烂喂服，每日 1 次。

八、对种兔繁殖障碍诊断时关键点的控制

1. 母兔不育

母兔不育分为不发情和不怀孕，原因是多方面的，主要原因如下。

① 先天性的，如生殖器官畸形。

② 机能性的，如激素用量过大。

③ 营养性的，包括过肥和过瘦、维生素和微量元素缺乏等。

④ 疾病性，如螺旋体病、子宫炎、输卵管炎、阴道炎、李氏杆菌病、沙门菌病等。

2. 公兔不育

① 生殖器官异常，如隐睾、小睾等。

② 营养不良或过剩。

③ 疾病。

④ 环境温度过高，环境温度达到 30℃时，公兔即失去生精能力，而环境改善后恢复需要 40～50 天。

九、对发生流产关键环节的控制

1. 查找流产原因

① 机械性流产，摸胎、捕捉、挤压等。

② 中毒性流产，霉饲料中毒、农药中毒、棉酚中毒、大量采食青贮饲料或酒糟等。

③ 精神性流产，噪音、动物闯入、陌生人接近、追赶等。

④ 疾病性流产，副伤寒、李氏杆菌病或肠炎、便秘等。

⑤ 营养性流产，饲料供给量不足、膘情太差、缺乏维生素及微量元素等。

2. 对产生流产关键环节的控制

治疗：贯彻以防为主的方针。

① 有流产征兆的，注射黄体酮 15 毫克/次。

② 流产兔应加强护理，投喂抗生素预防子宫炎及阴道炎。

③ 让母兔安静休息，补充高营养饲料，以使母兔早日恢复配种。

十、对提高獭兔繁殖力关键点的控制

1. 对温度的控制

外界温度超过30℃，公兔生精能力下降；低温也有影响，环境温度低于5℃，公兔性欲减退，母兔不能正常发情。所以种兔舍的夏季防暑和冬季防寒很重要。

2. 对营养的控制

① 种兔不能过肥或过瘦。

② 种兔群的年龄结构：最佳繁殖年龄为1岁到2.5岁，3岁以上应淘汰。

③ 对种兔利用不当。

④ 公兔长期不用时，第一次配种受胎率低。

⑤ 公兔使用过频，也会造成早衰，降低受胎率。

⑥ 母兔长期频密繁殖，会出现早衰、体弱，受胎率、产仔率、仔兔成活率均低。

第二节　对种公兔饲养管理关键点的控制

为保证公兔良好的膘情，请选用全价种兔专用饲料。

① 单笼饲养，3月龄公母分笼。

② 种公兔的初配应在5～6月龄。

③ 公兔笼远离母兔笼。

④ 加强运动，每周至少放出运动2～3次。

⑤ 合理使用，1天1次，最多1天配种2～3次，连续配2～3天应休息1天。

第三节　对母兔饲养管理关键点的控制

一、对产前饲养管理关键点的控制

① 母兔在3月龄后就应单笼饲养。

② 使用全价种兔专用饲料，应严格按说明书喂量饲喂各阶段母兔，以防止母兔过肥或过瘦。

③ 注意临产前 3～4 天减料，分娩后 2～3 天逐渐加料，不可产后马上喂给高浓度精料。

④ 各阶段注意补充青绿多汁饲料。

⑤ 喂料时先喂孕兔再喂其他兔，以防止孕兔因饥饿闹笼而导致流产。

⑥ 产前 3～4 天移入产仔舍并消毒，消毒后洗、晒以除去异味，防止母兔产仔时异味导致母兔食仔现象的发生。

二、对产中饲养管理关键点的控制

① 产前 3～4 天注意减料，防止精料喂量过多引起母兔产后乳房炎的发生。

② 头胎兔有时不会自己拉毛，这时会增加仔兔死亡率，所以未自己拉毛的母兔要协助其拉毛。

③ 产仔中注意看护，及时捡走死胎，防止母兔吃掉而养成食仔癖。

④ 白天产仔应注意遮光。

⑤ 产中请注意补充温麸皮盐水汤，防止母兔口渴而吃掉仔兔。

三、对产后饲养管理关键点的控制

① 产后注意清除笼内污物。

② 分娩后母兔喂服 1 周抗生素，以防止乳房炎的发生，可选用复方新诺明每次 1 片，每日 2 次。

③ 哺乳期为提高母兔体质应补喂种兔专用料且应逐渐增加用量，产后 2 天内以青绿多汁饲料为主。

④ 补充充足而清洁的饮水，每天清粪 1 次，每周消毒 2 次，保持产舍环境安静。

⑤ 每 7～10 天清洗母兔乳房 1 次。

⑥ 笼内尖刺异物及时清除。

第四节　对仔兔饲养管理关键点的控制

一、对睡眠期饲养管理关键点的控制

1～12 天的仔兔为睡眠期，此期应做到以下几点。

1. 及时吃足初乳

生后1～2小时应喂完第1次奶，否则会影响仔兔的成活率。

2. 防冻

窝温应保持在30℃，冬天设立有保温设备的仔兔培育室。

3. 合理寄养仔兔

对于产仔数过少的母兔及产后发生乳房炎的母兔，要将其所产仔兔寄养，方法如下。

① 两母兔产期不超过3天为宜。

② 保姆兔乳汁充足且健康无病。

③ 寄养必须在产后7天内进行。

④ 寄养时涂上保姆兔的尿液后放入保姆兔产箱，2～3小时后再把保姆兔放入笼内。

⑤ 窝内垫草选择容易和兔毛混起来的，如稻草、树叶、干青草、刨花等，不要用棉花、布条等。

二、对开眼期饲养管理关键点的控制

① 及时补饲，补饲不能太晚，一般在产后16～18天进行。

② 少喂勤添，每天喂5～6次为宜。

③ 补饲不能喂大量多汁饲料，防止拉稀，换料应逐渐进行，要10天左右过渡期。

④ 清笼防球虫，仔兔断奶期易发生球虫病，但多是在哺乳期感染的，所以此阶段应每周对兔笼进行清理消毒。

⑤ 适时断奶，一般情况下，以40～45天断奶为宜，成活率最高，但为提高母兔利用率，现多采用30日龄断奶。

⑥ 断奶期仔兔不能换料，以防止应激引起仔兔腹泻。

⑦ 断奶最好采取离奶不离窝的方法，将母兔抓出，以减少仔兔应激。

第五节　对商品兔饲养管理关键点的控制

商品兔指3月龄以上到取皮的獭兔。此阶段应搞好饲养管理，

以提高兔皮质量。

一、对商品兔饲养关键点的控制

① 此期的獭兔生长速度快，饲料利用率高，食量大，所以应供给充足的蛋白质、矿物质和维生素。

② 最好饲喂獭成兔专用饲料，可保证良好的生长速度和优良的兔皮品质，并可提高青年兔的体质，减少发病率。

③ 饲喂颗粒饲料可提高家兔采食量，减少饲料浪费，并减少呼吸道疾病的发生。

二、对商品兔管理关键点的控制

① 分群管理，公、母兔应分笼饲养，每笼 3～4 只。

② 做好防病工作，要注意预防严重影响獭兔皮质的疥癣病、脱毛癣等病，另外还要注意皮下脓肿和脚皮炎等常见病的预防和治疗。

③ 对兔瘟、巴氏杆菌、大肠杆菌、魏氏梭菌等病，应做好预防接种工作（具体疫病预防程序参考表 15-2）。

④ 清洁卫生消毒，圈舍应保持每天清粪 1 次，空气新鲜，每星期对兔笼、兔舍消毒 1 次。

⑤ 调节运动强度，刚进入商品阶段的仔兔，应适当加强运动，以增强骨架生长、体质和抗病能力。到最后 15 天要限制运动，以利于尽快催肥。

⑥ 控制环境温度，有条件的兔场，兔舍温度应控制在 15～25℃，温度过高和过低对獭兔生长均不利。

⑦ 适时屠宰，獭兔最佳取皮时期是 5～6 月龄的青年兔。

第六节　对獭兔疫病多发期的预防控制

大家都知道，獭兔的饲养是以预防为主。所以，制定一个好的预防程序是饲养獭兔成功的关键。下面是规模獭兔场对疫病多发期的控制程序。见表 15-2。

表 15-2　规模獭兔场对疫病多发期的控制程序

兔龄阶段	免疫群体	免疫方法及药物使用	免疫目的
母兔妊娠中后期	妊娠 15 天至产前的母兔	每 3～5 天口服抗菌素 1 次，药物可选复方新诺明、复方敌菌净、磺胺脒，严格按说明书用量	有效预防妊娠期一般病菌感染，如胃肠病和部分炎症等
	妊娠 20 天的母兔	增补维生素和葡萄糖或胡萝卜喂量	可调整新陈代谢，有效预防母兔毒血症
	妊娠 25 天的母兔	饲料中按量加入调节保胎药，连喂 3 天	调节母兔内分泌，对保胎产生作用
哺乳期的母兔	产后当天的母兔	肌内或皮下注射抗菌消炎药，按说明书使用，仅 1 次	可起到消炎抗菌和防病作用
	产后 3 天的母兔	加喂维生素 C、维生素 B，每天 2 次，每次每兔各 1 片，连用 3 天	重点预防毒血症
	产后母兔	选 3～4 种抗菌素，每 3～5 天用一种，每种用 1 次	预防各种细菌感染
仔兔	在哺乳期的仔兔	每天检查 1～2 次，对潮湿和污染的垫物勤更换	有效地防止仔兔螨病的发生
	仔兔开食到断奶前	用 3～4 种抗球虫药物，如球立克、痢特灵、氯苯胍、敌菌净等，7～10 天连结交替用一种	以药预防为主，很好地预防球虫病
幼兔期	断奶兔（幼兔）36 天和 80 天	颈部皮下注射兔球净，每兔 0.2 毫升，共 2 次，加喂抗球虫药	同时继续预防球虫病，直至 100 日龄
	40 日龄兔（幼兔）	颈部皮下注射巴、波二联疫苗，每兔 2 毫升	有效预防巴、波杆菌病感染
	45 日龄初免	45 日龄皮下注射兔瘟疫苗，每兔 2 毫升	有效预防兔瘟病
	75 日龄加强免疫	75 日龄加强兔瘟免疫	有效预防兔瘟病
生长兔期	季节性兔瘟免疫	每 6 个月注射 1 次兔瘟疫苗，每兔皮下注射 2 毫升	有效预防兔瘟病
	季节性巴、波免疫	从 36 日龄起，每 4 个月注射 1 次巴、波二联疫苗，每次每兔 2 毫升，有鼻炎病，注射兔鼻康	预防巴、波杆菌病
	全部中成兔	每 6 个月注射 1 次伊维菌素，每次每千克体重 0.02 毫升	预防各种寄生虫病，最好定期使用抗球虫药

附件　獭兔的日常免疫推荐程序

1. 大肠杆菌多价灭活苗

仔兔 20 日龄时每只皮下注射 1.2～2.0 毫升。

2. 兔瘟蜂胶苗，即兔病毒性出血症（兔瘟）灭火菌苗

① 仔兔 40 日龄每兔皮下注射 1.5 毫升（初免）。

② 仔兔 60 日龄每兔皮下注射 1.0 毫升（作为加强免）。

③ 以后每隔 6 个月，皮下注射 1.5 毫升（包括母兔、种级公兔）或用三联苗（兔瘟、巴氏、魏氏）每兔皮下注射 2 毫升。

3. 兔多杀性巴氏杆菌病灭活疫苗

① 仔兔 40 日龄每兔皮下注射 1 毫升（或巴、波二联苗 2 毫升）。

② 以后每 4 个月注射 1 次（包括种公兔、种母兔，剂量同上）。

注意：防疫时要与兔瘟疫苗隔开注射，一般间隔 7～10 天。

4. 兔产气荚膜魏氏棱菌灭活疫苗

① 仔兔 70 日龄每兔皮下注射 2 毫升。

② 以后每隔 6 个月注射 1 次，每次 2 毫升。

5. 葡萄球菌灭活苗

① 种兔 80 日龄时，每兔皮下注射 2 毫升。

② 以后每隔 6 个月注射 1 次（主要种公兔、种母兔）。

獭兔屠宰加工厂

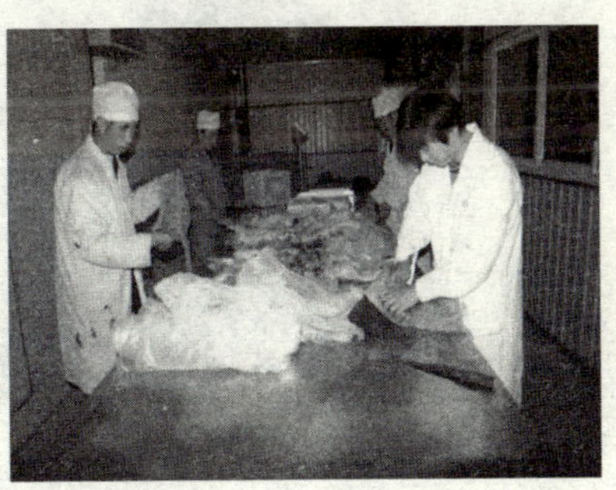

獭兔肉产品的加工包装

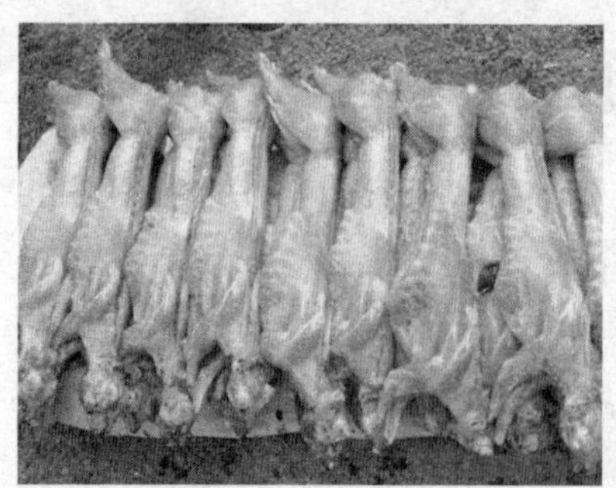

去皮、去内脏的胴体

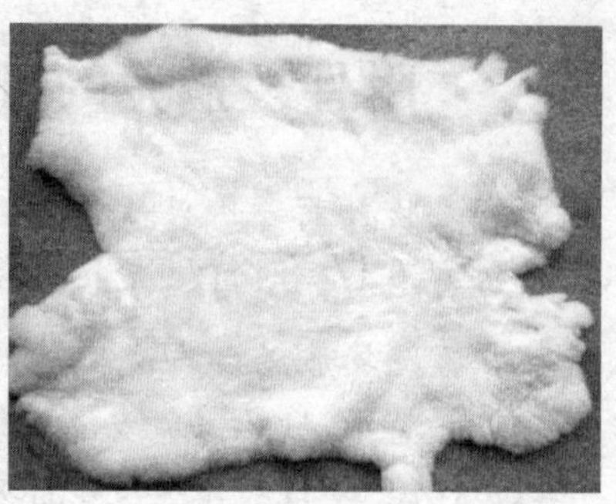

美系獭兔皮张

獭兔裘皮披肩

獭兔裘皮围巾

獭兔裘皮帽

獭兔裘皮披肩

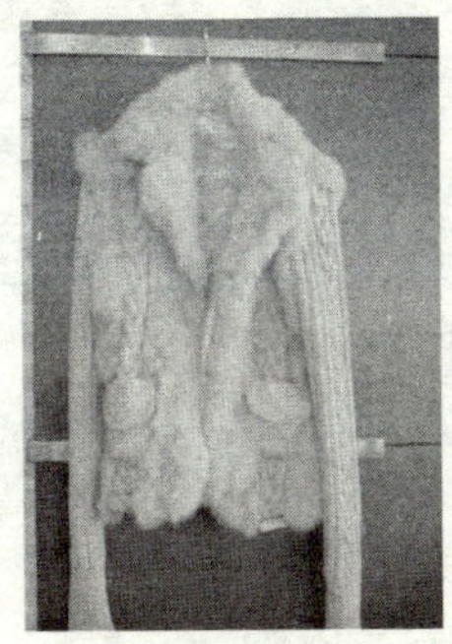

獭兔裘皮上衣

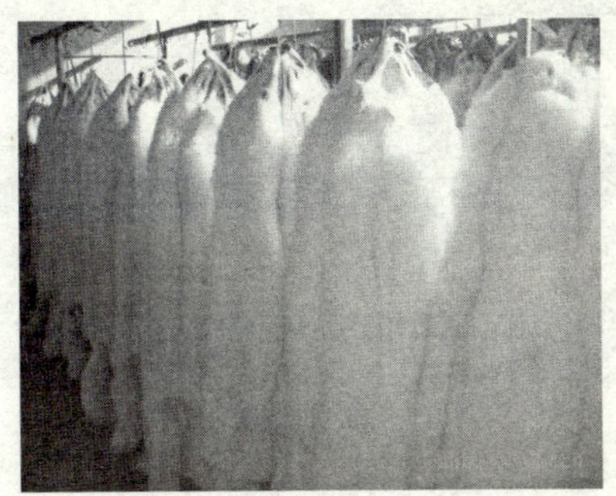

女式白色獭兔大衣

青蓝色男士獭兔皮夹克

裘制好的白色獭兔皮

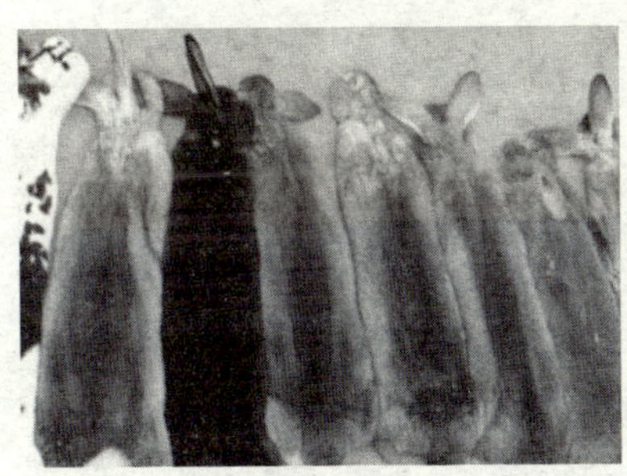

不同颜色的獭兔皮

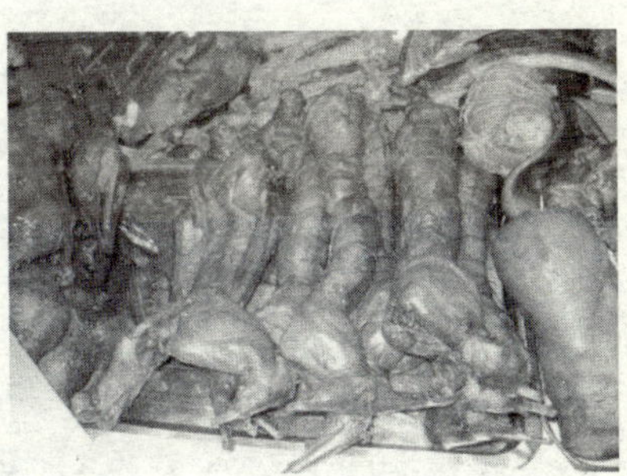

缠丝兔

酱兔肉

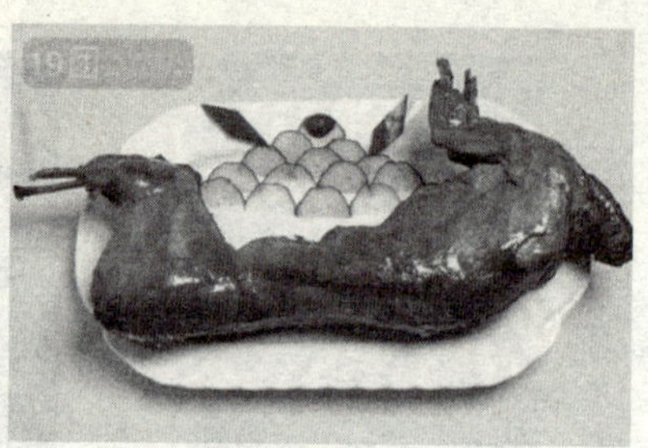
烟熏腊兔

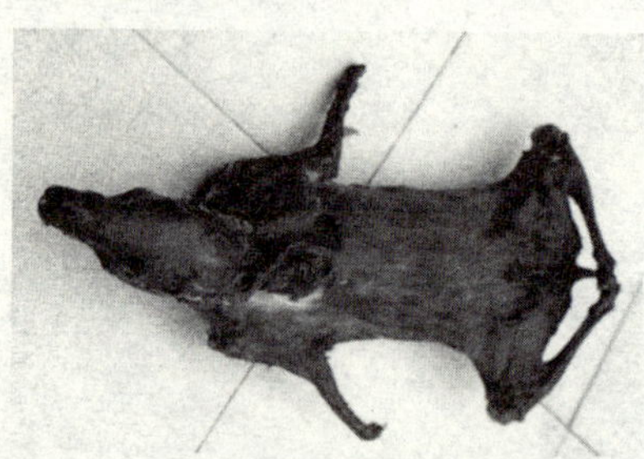
寿山米烧兔

参考文献

[1] 邹斌．养兔新技术．呼和浩特：内蒙古人民出版社，2009.
[2] 邢秀梅．獭兔高效养殖技术．北京：化学工业出版社，2010.